犬のしっぽ、猫のひげ
豆柴センパイと捨て猫コウハイ

石 黒 由 紀 子

幻冬舎文庫

犬のしっぽ、猫のひげ

豆柴センパイと捨て猫コウハイ

もくじ

はじめに

犬一筋……、と思っていました。自分でも。しかし、猫もかわいいものですねぇ（しみじみ）。

ふだん、犬はテーブルの下で私の足元にいますが、猫はあたり前の顔をしてテーブルの上に。暮らしてみると、犬より猫のほうが人の近くで生きているようにも感じます。うちの場合だけかもしれませんが、人と犬とは上下関係。猫とは対等。「犬と猫、一緒に暮らして仲良くやれるのかな」不安はあったけど「えいっ」と踏み切りました。

そうしたら、思いのほかスムーズにいき、想像をはるかに超え毎日が賑やかに楽しく膨らみました（個々の相性や性格にもよると思いますが）。

先住犬のセンパイはときどき我慢しながらも猫のコウハイを見守り、コウハイに触発されてか前より元気で自分を表現できる犬になりました。コウハイはセンパイをおかあさんと思って甘え、もしかしたら自分も犬だと思っているんじゃないか、というフシも。

2匹はそれぞれにマイペースですが、一緒に遊びたいときは「遊ぼう！」とアピールし、わがままを言ったり遠慮したりしながら、折り合いをつけているようです。

「うちには犬と猫がいます」と言うと、「へえ、ケンカしたりしないんですか」「どんなふうに暮らしているんですか」と聞かれますが、その答えがこの本に詰まっています。

「犬と猫と暮らしてみたいなぁ」そう思っている方や、「異種の動物が仲良く暮らせるの？」と気になるみなさんに。「犬も猫も大好き！」というあなたへお届けします。

そして。親ばかですが、センパイとコウハイがくっついて寝ている姿や一緒にいる1コマは、なかなかよい眺め。どんなセラピストより整体師よりも、心身の凝りをほぐしてくれます。なので、読んでくださるみなさんにもその効果があるのではないかと思うのです。

これは、ふっと肩の力が抜ける憩いの1冊です。

出会いは突然、伊豆での出来事

ペーパードライバーを20年ぶりに返上した秋、はじめての遠出は伊豆高原。仕事とプライベート半々な感じで、オットと共にドッグフォレスト（残念ながら2011年1月に閉園）という施設に向かった。そこは、広大な敷地に犬と一緒に散策できる小径やドッグラン、足湯などがあり、犬と人とが自然を満喫できる場所。犬と犬好きにとっての楽園だった。その中に「こいぬ村」というスペースがあり、ログハウスには何匹かの子犬がいた。生体販売もしているが、「生後3ヶ月間は母犬と一緒に生活する」のが決まりだという。

こいぬ村に入ったとき、最初に目が合ったのは子犬と呼ぶには少し大きく育ったオスの柴犬。オットと眺めていたら「バックヤードに生後2週間の豆柴がいますよ」とスタッフに声をかけられた。

「この子です。かわいいでしょう？」両手にちょこんと載せられた子犬。あぁ、手乗り柴犬。ほんの1キロあるかないかの子犬を自分の手のひらに載せてもらったら、甘酸っぱい幸福感に包まれて、身体はプルプルと震え思わず走り出しそうになった。オットも「もう手から離れなくなっちゃった」とうっとりした目で訴える。雷に打たれたかのように一瞬気絶、そして、はっ！　と我に返って（という雰囲気だった）「どうする？　どうする？」としきりに聞いてくる。どうするって……。犬が飼える環境に引っ越して「いつかは」と夢見てはいたけれど、その「いつか」が今日だったなんて。運命の出会いは突然で、出会いがしらの衝突事故のよう。

「まだ生後2週間だから、うちに来るのはあと2ヶ月半先。その間にいろいろ準備ができる」というのも、即決の後押しとなった。マンション暮らしなので「あまり大きくならない」というのも条件にあう。生活の根幹に関わることのようなことに極めて慎重な私が、10年以上共に暮らすことになる犬をほんの数分で決めてしまうとは。これは縁とタイミングとしか言いようがなく、まったくもって世の中は何が起こるかわからない。

ともあれ、オットはぽ〜っと夢心地のまま契約書にサイン。スピード婚にもほどがある。本名は「甲州乃秋姫号」、誕生日は9月12日、乙女座生まれのメス。むっくりとした豆柴の子犬は、うちの犬となった。「１ミリの迷いもなかった」というのはウソになるけれど、靄《もや》のような不安や心配は希望という名の光で照らされ、やがて視界良好となった。

センパイ、食いしん坊は子犬時代から

「おっとり」というか、どこかぼんやりしている犬だった。もちろん、子犬らしい力を漲《みなぎ》らせ、何事にも果敢に挑む無邪気さや好奇心は持ち合わせていたけれど、暴れて困るとかモノを壊すということはなく、無駄吠えもしないどちらかというと臆病でおとなしい犬。聞き分けがよくマイペースな性質は生まれつきのよう。

「食いしん坊ですよ」。育ててくれた係の人の言葉通り、最大に盛り上がるのは日に2回の食餌の時間。おすわりをさせて「待て」、「はい、どうぞ！」の合図をフライングするのはしょっちゅう。食べはじめるとあっという間に平らげ、フードボウルは何も入っていなかったかのようにピカピカに舐め上げられた。実家にも犬がいたので、

犬の食餌風景は見て知っていたつもり。こんなにも秒殺だったかな。私が知っている犬の中ではたぶん最速で、その記録はいまだ破られていないと思う。

食べ終わるとすぐ「次は何くれるの？」と私を見上げる。そのかわいらしさに心を摑まれたけれど、飲みこむように食べる、なんでも食べたがる底知れぬ食い意地が末恐ろしくもあった。

「センパイ」という名前になったのは、友人が来たときに子犬に向かって「お願いしますよ、センパ〜イ！」なんて言って遊んでいたら、「センパイ」で振り向くようになってしまったことから。「センパイという名前の犬、おもしろくてかわいいかも！呼びやすく響きもいいし」と、決めてしまった。これまでに何度も聞かれたセンパイという名前の由来、名前のインパクトに反して弱めのエピソードしかない。なんだかすみません。

散歩中に名前を聞かれて「センパイです」と答えると、「えっ？」と聞き返されて戸惑う人も多かった。しかし「覚えやすい」と言ってくださる方もいて次第に定着。おもしろがって「センパイ、最近の調子はどうですか！」など、わざわざ敬語で話しかけてくれる年配のご近所さんもいた。

我が家に来て数週間後に、うちから一番近い動物病院を受診。ワクチンを打ち鑑札を交付してもらい、登録。正式に町の、そして我が家の住犬となり、その1ヶ月後くらいから朝夕の散歩が日課となった。最初の散歩では、アスファルトの感触に抵抗があったのか、電柱1本分歩くのに10分以上かかった記憶。

獣医師には「繁殖をさせる考えがないのなら、生理が来ないうちに不妊手術をしましょう」と言われていたのに生理は意外に早く来て、2回目になる前の秋に施術して術後も順調に回復。夏には痒みが出たりしたものの健康に恵まれて過ごし、以後10年以上「狂犬病とワクチンの注射をするときにしか動物病院には用がない」健康優良犬として過ごした。

生まれてから我が家にやってくるまでの約3ヶ月、ドッグフォレストでていねいに育ててもらい、センパイは人が大好きな犬になっていた。うちに遊びに来てくれる友人知人、家族親戚、仕事で訪ねてくれる初対面の方々にもフレンドリーで、犬よりも人に囲まれみんなにかわいがられて大きくなった。

「これ、何のことだっけ？」原稿を書きながら、病院の診療費明細書を見ていたら、2009年の春に何やら書類を書いてもらった形跡。そういえば、センパイは鈍感力を生かしアニマルセラピーの活動を行っていた時期がある。私と一緒に老人施設などを慰問するボランティアで、書類とはその本部に提出しなければならなかったもの。「ワクチンなど、やるべきことはやっていること。既往の診療など詳細を明記し、この犬の健康を証明します」というものだった。

月に1度か2度、3時間くらいの活動で、お年寄りにセンパイたち犬や猫と会ってもらい、撫でてもらったりおしゃべりしたり一緒に歌を歌ったり。決まって昔飼っていた犬の話をしてくれるおばあさんもいた。

施設の入所者やデイサービスに通ってくるお年寄りにとって、動物たちと触れ合うことがよい刺激となり、表情豊かになったり、言葉がスムーズに出るようになったりの効果があるとか。みなさんが喜んでくれることでこちらも励まされた。センパイもユニフォームであるピンクのバンダナをつけるとキリッとなって、それなりにやり甲斐を感じていたのではないかな。もしかしたら、私がやりたかったことに付き合ってくれていただけなのかもしれないけれど。

21歳のヨーキー大先輩から教わったこと

センパイが散歩をはじめた頃に、よく会う小柄なヨークシャーテリアがいた。子犬のようにも見えるあどけなさなのに、なんと21歳。もの静かな紳士が散歩させていて、何度かお会いするうちに言葉を交わすようになった。

ヨーキー先輩は夕方になると「散歩がしたい」と、外に連れて行くよう催促をするのだそうだ。そこで抱き上げて外に連れ出し、神社などの土が柔らかそうな所や安全な草むらを歩かせる。しばらくするとおしっこをして気持ちよさそうな顔をする。その穏やかで満足そうな姿を眺めながら「もしかしたら、この先、センパイとも20年以上一緒にいられるのかも」と、希望と勇気をもらった。

飼い主の紳士曰く「長生きの秘訣は、脚腰と口内のケアです」。とにかく、子犬の頃からよく歩かせていたとのこと。小さな小さな身体でも16歳までは毎日朝晩1時間以上歩いていたとか。さすがに、ここ数年は散歩時間も短くなって、今ではほんの10

分か15分（その半分は抱っこされていました）。

「老犬になってくると口内のトラブルが原因で体調を崩すことがありますから。子犬の頃から歯みがきの習慣をつけておくといいですよ」。これを聞いたあと、私は忘れないようにとお気に入りのノートに大きな字で書き留めた。「それ以外は、何も特別なことはしていないんです。この子の生まれ持った体質が丈夫だったんでしょうね。知り合いの家で生まれた子を譲ってもらったんですよ」。なんともすばらしくうらやましい話。

それからしばらくするうちにヨーキー先輩とは会わなくなり、やがてそのお宅も引っ越して行った。

センパイ（と私）はアドバイスを守り、なんとか歯みがきにも耐えられるようになった。それほど積極的ではないけれど、それでも朝と夕方20〜30分の散歩が日課。7階の自宅までマンションの階段を登っていた時期もあった。

私の犬たち。コロ、さぶ、くーちゃん

幼稚園の頃、犬のアップリケの付いたバッグを愛用。物心がついたときには、すでに動物好き。特に犬が大好きだった。

最初に友だちになった犬は「コロ」。家の近くに親戚が開業している医院があり、そこにコロという犬がいた。私は小児ぜんそくだったし、医院の大叔父も大好きだったので、救急箱がわりにして通っていた。今思えば、コロに会いに行っていたような気もするなぁ。コロは「都はるみ」というあだ名が付いていた。目が丸くくりっとしていて、小さい上向きの鼻がちょんとあって、都はるみが♪あ〜なた〜恋しい〜って、アゴを少し上げて遠い目をしたときの顔によく似ていたのだった。

竹垣の門をくぐり庭に入っていくと奥にコロがいて「おう、またおまえか」という顔で私を見る。そこそこの年齢だったと思う。吠えられた記憶はないから、「たまに顔を見せる子ども」くらいに思われていたのだろう。特別に親しかったわけではないけれど、お互いが「しばらく会わないとなんとなく気になる」という関係だったような気がする。

同じ頃。実家の前には食堂があって、そこにも犬がいた。何ていう名前だったかすっかり忘れてしまったが、短毛で濃い茶色の犬だった。タフそうな身体つきだったけれど、てんかん持ちでたまにひっくり返って泡をふいた。その犬が無事か、発作を起こしていないか、私は2階の部屋から監視する重大任務を担っていた（勝手に）。ふと気になったとき、窓から犬を見る。のんきに昼寝しているのを確認し「異常なし」と、ひとりつぶやく日々。たまに、ぜんそくの発作を起こす自分と重ね合わせていたのかもしれない。

高校2年の終わり頃、家に帰ると玄関先にむくむくとした白い犬がいた。「なんじゃこりゃ！」と驚き、両親に聞くと、デパートのペット売り場で「出会ってしまった」という。犬が欲しいとは思っていたけれど「絶対無理だなぁ」とあきらめていたし、両親が「犬を飼いたい」と思っていたことも知らなかった。

こんな夢のようなことがあるのだろうか。「幻だったかも……」と、見に行くと犬はすやすやと寝息をたてていた。「あー、やっぱり夢でも幻でもない。うちに犬がいる」その夜はうれしくてなかなか眠れなかった。ある日突然、我が家にやって来たその犬は「さぶ」と名付けられ、そのあと18年生きた。毎朝、父との散歩を至上の喜びとして。

さぶ亡き後、数年が経った頃、実家では保護犬を譲渡してもらった。くーちゃんという名前になり、15年生きた。

センパイと暮らして変わった生活スタイル

実家に犬がいたので、犬の生態には詳しいと思っていた。しかし、自分たちの責任のもとで犬を飼ったのは、センパイがはじめて。日々のごはんのことはもちろん、区役所への届け出、予防接種の注射のタイミングや健康を守ることなど、初体験のことばかりだった。

私は、実家のさぶやくーちゃんに十分関わっていたつもりでいたけど、大変なことは全部両親がやっていたんだな。結局のところかわいがったり一緒に遊んだりのいいとこ取りだったんだなと今さらながら気が付いた。

センパイと暮らしてからは、家を留守にすることがぐっと減った。打ち合わせで外出した日など、それまでは、仕事のあとに映画を観たり、あちこち雑貨や服を見て回ったりと羽を伸ばした。でも今は、打ち合わせを目指してキュッと家を出て、終わったらシュッと帰宅。時間の使い方がシェイプされた。

センパイと散歩に出るようになってからは、ご近所さんとの付き合いが広がった。出前中の中華屋のおじさんとか電器屋さんとか、道であいさつしあう人も増えたし、お互いに犬連れでおしゃべりする友だちもできた。地方出身の子育て経験もない私にとって、東京でこんなふうに根を張って暮らすことは想像もしていなかった。

ご近所さんだけでなく、犬を通して知り合い仲良くなった人が本当にたくさんいる。初対面でもお互いに「犬好き」とわかると、心が緩む。自分の素に近い会話ができるので、打ち解けるのも早く付き合いも長く続く。そんな環境や人とのつながりが、心地いい。

犬が来たことによって、浮き草のようにふわふわしていた私たち夫婦の暮らしに、いい意味での錨《いかり》がおろされた。「犬は家族の一員です」とはよく言われることだけど、私は内心「他にもっと気の利いた言い方ない？」って思っていた。でも、やっぱり「それしか言いようがないんだな」ということも実感。犬が加わり、夫婦がやっと家族になれたような気がしたし。夫婦で海外に旅することもなくなり、無計画に偶然を楽しむような暮らしはできなくなった。けれど、もうそれでいい。世界を広める日々よりも、今は暮らしを深めることが楽しみ。今日も早く家に帰ろう。センパイが待っている家に。

センパイ審査員にジャッジされる私

ふだん、周囲の空気をまったく読まず読もうともせず、しっぽの向くまま気の向くままに暮らしているセンパイ。こちらが散歩に行こうと誘っても「いんや、今は眠いです」と動かないこと多々。「犬は散歩が好き」と相場が決まっているのでは？　また、私が絶賛爆睡中でも構わず「おなかすきましたー、ごはんくださーい！」と起こす。どんなに忙しそうにしていても「ボール投げてー！　遊んでー！」と近寄りまとわりつく。あ、これはセンパイが自由ということだけでなく、しつけができない私たち飼い主にも問題があるということか。

しかし、5歳を迎えた頃からセンパイの行動に変化があった。私が家で原稿を書いているとき、センパイは気配を消している。だいたいは、テーブルのうしろにあるソファか私の足元で寝ている。そして、仕事がひと段落して、ちょっと気を抜いて立ち上がると、スッとそばに来て「ささ、遊びまひょ！」と期待のまなざしを向けてくる。その間合いが絶妙で、原稿の途中に隣の部屋に資料を取りに立ち上がったときには催促しない。トイレや水を飲みに立ち上がったときも気に留めない。センパイが「遊ぼー！」と来るのは、ほぼ私が脱力しているときだ。どの犬も飼い主の心の機微をこんなふうに読み取るものなのか。

私がすごく気合いを入れて仕事をしているのに、センパイがボール遊びを促すことも、たまにある。そんなとき、一瞬、自分のやる気を疑う。「あれ？　私、今すっごくやる気あるのに」。気合い十分で集中していたはずなのに、センパイには「こいつ、気ィ抜いてんな」ってジャッジされている。

だいたい私は、子どもの頃から「がんばりが足りない」と言われていた。「一生懸命がんばっている」とか「真面目に取り組んでいる」と評価されたことが一度もない。そこそこがんばってることもあったんだけどなぁ……なんてことを久しぶりに思い返してみたりして。

大勢の中にいても明らかにヒマそうにしている人に、「遊んで！」のアプローチをするセンパイのジャッジはほぼ正しい。ということは、私は「やる気の薄い飼い主」

と評価されているんだ。センパイは審査員。私のやる気を日々、瞬時に測る。おちおちぼんやりもしていられない。

私の夢だった海通い

朝の浜辺を犬が散歩している風景が好き。生まれたての太陽の光を浴びて、犬とボール投げをしたり流木を拾ったり、そんなひとときに憧れていた。

だから、犬と暮らしはじめたら海に通おうと決めていた。うちからクルマで約1時間ほど行けば、センパイをかわいがってくれる友だちが住む海辺の街がある。センパイが1歳になった頃、私たちはセンパイをクルマに乗せ、張り切って海を目指した。

駐車場にクルマを停めて、潮風に吹かれながら軽快に歩いていたのに、センパイがぴたりと足を止めた。「あれ、どうしたの?」センパイはフリーズ、そのまま歩かなくなった。仕方なく抱き上げて進み、しばらくしてまた歩かせようとしたけれど、うーむ、やっぱり歩かない。海は、センパイにとって脅威だった。ザワ～ザザザ……。

どこからともなく響いてくる波の音と、歩こうと足を出すと沈む砂。水に濡れるのも苦手なようだ。全身を使って海への拒否を示すセンパイに私たちは大ショック。「犬と海を楽しむ」という夢は海の藻くずと消えた。

だが、オットはあきらめなかった。センパイを抱き上げては海に入り、少しずつ水に慣れさせる作戦。それは何度もくり返されて、だんだん深いところまで抱いて行き、しまいには、海面で手を離す。一瞬沈むかに思われたセンパイ。「きゃっ！」浜でそれを見ていた私が声を上げたその時、茶色い毛のかたまりは、むくっと顔を持ち上げ、陸に向かって果敢に泳ぎ出した。ここここれは！　いわゆる犬かき！　犬は本能で犬かきができるんだ！　へなちょこなセンパイでもできるんだな！　すごいすごい！

センパイはやっとの思いで陸にたどり着き（といっても泳いだのはほんの3〜4メートルほど）、砂浜に倒れ込んだ。「はぁ〜、もう誰も信じられなひ……」しばらくは、私たちと目も合わせてくれなかったセンパイ。必死で泳いだその形相。こわばりが顔に張り付いて、三角になった険しい目つきにどんより膜もかかっていた。

センパイの苦行を微笑《ほほえ》ましく眺めた私たちは、夏にセンパイを泳がせる日を作ることを恒例とした。早朝海に着いて、センパイと泳いでごはんを食べてひとやすみ。帰りには地元の野菜やしらす、大好きなビーチサンダルを買って。私たちにとっては楽しい夏の1日。センパイもあきらめて、少しは楽しんでくれる……といいのだけれど。

宇宙と交信する猫との出会いも突然に

センパイが5歳になった頃。「もう1匹いてもいいかも……」と、ふと思った。「引っ越して7年。ここでの暮らしにも慣れてきた。センパイが暇そうにしているのは老化が早まりそうだし」。しかし「もう1匹犬を」というのは、負担も大きくいまひとつ自信がない。「ならば、ぬぇこ……?」という考えが、頭をよぎる。

「猫」そう思うきっかけとなったのは、愛読していた人気ブログ『カンタとハンナ』。ポメラニアンのカンタ亡きあと、今はラブラドールのハンナと猫のもんちゃんが主人公。ハンナともんちゃんのかわいい親子愛（?）に、常々「犬と猫が、こんなに仲良く暮らしているなんて!」と憧れ、羨望を抱いていたからだ。

そこでちょっと慎重に考えた。センパイは狩猟犬種でもなく、おとなしい犬だ。散歩中に猫に会ってもフレンドリー。猫に警戒されて「シャーッ！」とされても鈍感力を発揮して全然平気。メスだし母性に目覚めるかも……。センパイの母性の発露を期待するには、いたいけな子猫がいい。どこかにおとなしい子猫がいないものかなあ。

猫についてはズブの素人《しろうと》。私、大丈夫？　そこで、以前から何かとお世話になっているペットサロンと保護犬猫活動をしている「ランコントレ・ミグノン」の友森玲子さんに相談してみた（センパイのことも知っているので）。

私「うちに猫を迎えようかと思うんだけどー」

友「おー、いいじゃないですかー」

私「センパイともうまくやれそうなおとなしい子いませんか。ここで募集してたグレーの子猫とか、どうかな」（前もってHPの里親募集でチェックしていた）

友「あー、あの子ね。あの子はもう里親が決まったんですよ。じゃぁ、この子どうですか」

間髪いれず、彼女がにゅっと子猫を差し出した。「い、いきなりですかい？」動揺する私をヨソに猫紹介を始める友森さん。

「3兄弟で捨てられているところを保護されたんです。この子だけ長毛だから劣性遺伝でちょっと発育不良で弱いかも。他の兄弟たちにお乳がわりに首や耳元を吸われ、毛がはげてます。ときどき、宇宙と交信もしています……」

「しばらく検討してみます」と答えてミグノンを出た。しかし、気持ちは決まっていた。

「あの子、弱いって言ってたけど、センパイにはやんちゃ坊主よりいい。それに、陽気そうでかわいかったなぁ」

毛が抜けてはげはげ、口のまわりもかぴかぴなか弱そうな子猫。でも、一目見た時、なんだかいい予感がした。ミグノンからの帰り道、自転車を漕ぎながら「あの子を迎えて、みんなでしあわせになろう」。そう思った。吐く息が白く伸びる、冬の夕暮れのことだった。

こねこ記念日

「この前のあの子、トライアルさせてください」ミグノンの友森さんにそうメールした。すると返信。

「実はあのあと、預かりさんのところで死にかけました。でも元気に復活しましたよ。小さくて弱いけど、生きようとする力は強いです」

そうか、死にかけたのか。しかし、私の気持ちは変わることなく、トライアルに入る日など、友森さんと詳細の打ち合わせをはじめた。だって、やっぱりあの子がいい。「弱いから別の子」とか、そんな「どの子でもいい」的なことではない。「この子でいい」じゃなくて「この子がいい」。

約束した日の夜、小さなバスケットを抱え友森さんがやって来た。センパイは「きゃ〜、いらっしゃ〜い♡」と大歓迎。くっくっくっ、このあとのことも知らないで。友森さんにはいつものできごとだと思うけど、私にとっては神聖な感じさえした。だって、子猫が我が家に降り立つんだもの。息をのみ、アームストロング船長の月面第一歩を見守るような気持ちだった。バスケットから、ちょこんと顔を出す子猫に「きゃぁ」と喜ぶ私、驚くセンパイ。子猫は目をぱちぱちさせながらソファに降りて、まわりをきょろきょろ。ぴょんと飛び降りテレビをのぞき、テーブルにジャンプ。新天地に臆することなく、果敢に部屋をパトロール。センパイは固まったままで、「わわ、わわわ。わ！」と、戸惑いを目で訴える。「センパイ、今日からこの子も一緒に暮らすよ。少しずつ慣れて、仲良くなってくれたらうれしいよ。よろしくね」そう言う私に、言葉を理解したのかセンパイは「本気なの？」という顔で、私を凝視。「犬も眉間に皺《しわ》を寄せる」ということをはじめて知った。

ニャーニャーニャー！　小さなきみがやって来た　12月8日はこねこ記念日。

ねこの神さま

子猫がやって来た頃、住んでいるマンションでは大規模修繕工事のまっ最中。窓の外にはネットが張られ空が見えない。にわかに組み立てられた天空の道を、ニッカボッカをゆさゆささせて、職人さんが行き交う。目が合うと「ちわっす！」。こちらもつられて「あ、ちわっす」。

あいさつをしてくれる中に、動物好きなお兄さんがいた。センパイを勝手に「マメ子」と命名し（豆柴だから？）、通るたびに「マメ子〜。げんきか〜」と声をかけてくれていた。そのうちに少しずつ話をするようになり、お兄さんは2匹の猫と暮らしていることを知る。犬も猫も大好きだけど、今の住まいでは猫しか飼えないので猫と暮らしているそうだ。トータス松本に似たお兄さんで、私はひそかに「なんちゃってトータス」と呼んでいた。

子どもの頃から動物が身近にいたという、なんちゃってトータス。犬のことも猫のことも詳しかった。そこで、いろいろ教えてもらおうと「実は、今度うちに猫が来るんです」と切り出した。「へぇ、それは楽しみだね。マメ子はやさしいからきっと仲良くやれるよ」と、なんちゃって。そのきっぱりとした明るい言い方に、私も「そっか、やっぱり大丈夫。なんとかなる！」と、何層にもなった不安が1枚むけた。

子猫が来た次の日は、なんちゃってを待ち構えるようにして「ゆうべ、猫来ました！」と見せた。「わー、かわいいねぇ！」そして、バスケットの中にいる子猫を注意深くのぞき込んで「まだほんとに小さいんだなぁ。おねえさん（私のこと）、この子、いい子だよ。いい猫になる。今はまだ小さくてくちゃくちゃだけど、猫はね、かわいがればかわいがるほど、かわいい顔になるんだよ。だからいっぱいかわいがってあげてね！」「は、はい！」私は思わず背筋を伸ばした。確信を滲ませた温かい言葉に「もしや、この人、ねこの神さま？」って、ちょっと本気で思った。そして、神さまに魔法をかけられたみたいに、心の中でつぶやいた。「そうだ、この子はいい子になる！」

私の中で、なんちゃってトータスはねこの神さまに格上げされ、その後も、寒さ対策や去勢手術をするタイミングを教えてもらった。神さまは、子猫を「ちび太」と名付け、会うたびに「おねえさん、こいつ、いい猫になるよ」「大事にしてあげてね」とくり返した。

やがて修繕工事は終わり、職人さんたちの足音は消えた。窓の外のネットも外され、私の青空が戻ってきた。不思議なタイミングで出会ったねこの神さま。

神さま、15年後の修繕工事の時も来てくれるといいな。15歳になったコウハイを見せて「あのときの子猫です！」と報告したい。「ほらね、いい猫になったでしょ」神さまはそう言ってくれるかな。

コウハイという名前になりました

我輩は猫である、名前はまだニャい……。新しい動物が来ての一大事業は名前を付けること。頭を悩ます日々がきた。

先住犬には、うっかり「センパイ」と名付けたが、みなさんに温かく受け入れてもらった(ほぼ)。「センパイだと、話しかける時に、つい敬語になっちゃう」なんて言われながらも「センパイ」「センちゃん」と親しみを込めて呼ばれている。

新入り猫には「センパイ」よりも偉そうな名前だとおもしろい！　という意見があって、「團長でしょ！」「大先輩？」「社長がいい！」「顧問では？」などなど、知人たちとツイッターで候補をやりとり。中には「CEOと書いてセオ！」と、おしゃれな候補もいただいた。「石黒家は、もう1匹くらい犬を飼いそうな気がする。その犬にコウハイと名付けるとして、猫の名前はチューハイ！」そんなすてきなご意見も。うん、猫に「チューちゃん！」って呼びかけるのも楽しいな。

みなさん。想像してみてください。動物病院で「石黒センパイちゃ〜ん」と呼び出されている私の気持ちを。100%笑われますよ？　そのうえ、「石黒顧問！」と呼ばれる日には……。しかし、「せっかく姉弟（?）として暮らすのだから、センパイと共通項がある名前がいいかも」というのはオットも私も同意見。そこで、オットが「舎弟!」と言う。「はぁ？」と私。「手下」「しもべ」むーん。私があまりにもばっさり却下するから「反対ばかりしないで、何か候補を考えろ」と責められ、「では、パシリではどうでしょう」と提案。「おい！　パシリ、ファンタ買ってこい！　的な。音だけだと一瞬意味もわからなくない？」とひとりで悦に入っていたけど、まったく気に入ってもらえなかった。

何日も考えていたけれどビビッとくる名前は思いつかなく、結局「センパイ」といえば「コウハイ」？　という王道なところに着地した。一緒に名前を考えてくれたみなさんに「〝コウハイ〟になりました」と報告したら、ほとんどの人が「最初からそんな気がしてました」とのこと。なんだ、みんな知ってて付き合ってくれてたんですね、どうもありがとうございました。

ちなみに、同じ時期に柴犬を迎えた知人家族の話。小学生のお兄ちゃんがあれこれ考えて名前は「たすき」になったという。「へぇ、たすき。響きもいいし、素朴でかわいいね！」と感心。「で、なんでたすきなの？」と聞いたら「家族をつなぐ存在になってほしいな、って思って」。うーわー、センスあるうえに深い。私たちは頭を悩ませて「舎弟」に「パシリ」だなんて。幼稚な発想に恥ずかしくて消え入りたくなった。

サバロン毛は珍種レベルの不思議ちゃん

コウハイは、コウハイと命名される前は「サバロン毛」と呼ばれていた。サバ猫3兄弟で保護されていたので、サバトリオというグループ名（？）になり、目が寄っている子が「ヨリメ」、目が離れている子を「ハナレ」。そして、1匹だけ長毛だったので「ロン毛」。

元気な兄弟たちに比べて、発育が遅く「同じときに生まれたの？」と思うくらい細くて小さかったロン毛ちゃん。保護してくれていたミグノンの友森さんやボランティアさんが口を揃えて言うのは「サバロン毛は不思議ちゃんです」。カリカリ（キャットフード）を転がして遊びひとりで盛り上がっていた。宙を見つめて宇宙と交信しているようだった。何かと戦っているテイで匍匐《ほふく》前進をしていた。ただキャキャキャキャと笑っていた……。不可解な目撃情報は後をたたない。猫とのお付き合い歴が浅い私は、猫の性格といえば「活発」or「おとなしい」、「プライドが高い」or「フレンドリー」

ぐらいの分類しか思い浮かばなかった。なのに「不思議ちゃん」って……。とろんとした大きな目はどこを見ているのかわからない。確かに宇宙との交信はしていそう。友森さんが我が家にロン毛を連れてきたときも、「小さくても不思議ちゃんでも、元気に育ってくれたらいいですよねー」と言っていた。

「あのー、不思議ちゃんというのは了解しました。ちなみに、友森さんは、たーくさんの犬や猫と深く関わってきているでしょう？　その中でこの子はそこそこいる不思議ちゃん？　それとも珍しいレベル？」

訊ねる私に友森さん即答「そうですねー、1年で1匹いるかいないかくらいの珍種かな」あはー。いやぁね、もうそこまでキッパリ言われると、すがすがしい。

「にゃ〜ん」ではなく「にー、にー」と鳴き、匍匐前進ならぬ背中で歩いて（？）みたり、リボンの先を突《つっ》いては「ウキャキャ！」と喜んでいる。一番謎なのは、いつもなんだか楽しそうだということ。「おもしろきこともなき世をおもしろく」ではないけれど、「どうしたら自分が機嫌よくいられるか」ってことを知っている天才。「暗いと不平を言うよりも、進んで灯りをつけましょう」の精神で生きている。すばらしいじゃないか、不思議ちゃん！　サバロン毛からコウハイとなった今でも宇宙との交信は続いています。

姉弟は草食系女子と肉食系男子

センパイは、生後3ヶ月間お母さん犬とお兄ちゃん犬と暮らしていた。一緒に生まれたお兄ちゃん犬の後を追いかけてばかりいたらしい。生後2週間目に出会ったとき、センパイはお兄ちゃん犬に隠れるようにしていた。ひとりで寝る練習でも、お兄ちゃんと離れたストレスでおなかをこわしたというし、家にやって来たときには、遊んでいてお兄ちゃんにかまれたという痕を背中に勲章のように輝かせていた。

そんなお兄ちゃん子のセンパイ、あたり前のように依存心の強い犬になった。急な階段や踏切りの前ではぴたっと立ち止まり「あ、あたち無理です」と抱っこを要求。食べること以外には、積極性ゼロ。人間だったら、心配性で何事にも臆病な女の子といったところか。

コウハイは路上出身。心優しい人たちの手から手へ渡され助けてもらった猫。何事にもガンガン首を突っ込み、めげない、あきらめない。コウハイの辞書には「無理」という文字はない。

コウハイが我が家へはじめて来た夜。ひと通りパトロールも済ませると、迷わずにセンパイの背中に乗った。そしてそのまま、こてんと寝てしまった。たぶん、本能で「この家の中で、一番暖かくてふかふかなベッド！」と察知したのだと思う。私たちにしたら感動的ですらあったけれど、大迷惑なのはセンパイ。「や〜ん、どうしたらいいの〜」モチベーションが一気に低下、その瞬間の気持ちの動きが目で見えたようだった。

それからも困惑するセンパイをヨソに、コウハイは「ボクと遊びニャちゃい〜」と果敢に迫る。首にしっぽに飛びつく。そのたびに「ひーん」と逃げ回るセンパイ。コウハイは、ソファのうしろで待ち伏せして「おりゃぁ〜」とセンパイに襲いかかる。昼寝をしているセンパイの耳をカリカリ齧《かじ》る、センパイの背中を跳び箱がわりに「キャッホーー！」と飛び越える……。安住の地だったはずの家が油断できない場所になり、センパイの心中やいかばかりかとお察し申し上げる次第。見守ることしかできない。

しかし、激しいアプローチに、センパイも少しずつ観念し心を開きはじめた。コウハイの（あえて空気読まない）が勝利。「まぁ、こんな小さな子だもの仕方ないわねー、我慢するわん」ふわふわ草食系女子が年下のがっつり肉食系男子を受け入れた。

この頃のコウハイは「寝るときはセンパイにくっついて」と決めていて、センパイのおなかや脚をかんだりしながら眠りについていた。ピンクの鼻をピクピクさせて、コウハイの寝顔はいつもしあわせそうだ。

GOOD BOY

料理をしようとキッチンに立つと、コウハイはまな板の上に乗る。原稿を書いていて、ちょっと席を離れ戻るとPCに鎮座。ダスキンで掃除をはじめるとモップを追いかける……。「ちょ！　やーめーてー！」「コウちゃん、どいてください！」「もう、ほんとに邪魔！」

私の冷たい言葉もコウハイの耳には届かない。猫って、気まぐれで自由な生き物って聞いてはいたけれど、ここまで人の行動を阻むとは。新聞を広げると真ん中に寝そべるし、なんともマイペースで意地悪なやつだ。しかしそこに天からの声。

「猫とはこういう生き物なのだ。これが猫なのだ。こんなことで腹を立てていては、猫との暮らしは楽しめない」

　忍耐の日々が続いた。

　しかしコウちゃん、やんちゃな反面、繊細で空気を読める子でもあった。最初に感じたのは「しつこい性格ではない」ということ。なんでも「やめて！」と言うと「あ、そう？　じゃぁ、やめてやるか」とあっさり退散。何度もくり返すということもなく一度言っただけでわかってくれる。すごい闘志で食べ物を狙ったりもするけれど、これも「NO！」と言うと「あーい」と放す。かごの中で寛《くつろ》いでいても「これ、今から使いたいんだけど？」と言うと「ほーい」と飛び出る。暴れん坊なのかいい子なのか、よくわからない。

　ある日、朝寝坊をしている私のそばにコウハイが喉をゴロゴロ鳴らしながらやってきた。身体をぴったりつけて、のびーっ。撫でてやるとうれしそう。「むふ〜ん♡」と、おなかも出して気持ちよさそうにリラックス。「こんなこと珍しいなぁ〜」と思いながら、ふと気がついた。今、センパイは夫と散歩に行っていていない……。

　それから気に留めていると、私のベッドに乗ってくるのも、ソファで横に座るのも、おもちゃをくわえてきて「ボクと遊べ～」と催促するのも、全部センパイがいないときのこと。センパイの前で私と仲良くしていると、センパイが内心穏やかでないということを、ちゃんと気づいていたんだ。まだ子猫なのに肌で感じていたんだな。それともセンパイに、体育館の……いや、ソファの裏でシメられてたり、とか？

コウハイはあまり甘えたがらない猫だと思っていたが、実はそうでもなくて、どうやらセンパイに気を遣っていた模様。なんとも後輩らしいけなげな心遣い。それもあまり気づかれないよう、至極さりげなく。「コウちゃん、なんていい子なの！」それまで極悪猫として扱われていたコウハイの株が急上昇。コウちゃんは、ぶっきらぼうだけどやさしくて思いやりがある男の子、いい子いい子。

コウハイヒストリー・愛のバトンがつながって

世の中には、小さな命を捨てる人もいれば助ける人もいる。

一度捨てられた命が、どうやって救われどんなふうにつながっていくのかを、コウハイを通して、ひとりでも多くの人に知ってもらいたい。それは消えても不思議でなかった命の中から、たまたま救ってもらえたラッキーボーイ・コウハイと、コウハイにたくさんの喜びをもらっている私の役目であり恩返しだと思うから。人の自己都合で捨てられ、殺処分される命について考えるきっかけとなったらうれしいです。

動物病院にあるコウハイのカルテには「2010年9月1日生まれ」とある。これ、もちろん推定。私の記憶が正しければ、10月に公園に3兄弟で捨てられていて、見つけた人が警察に届け、警察経由で動物愛護センターに収容された。そして、センターでミーミー鳴いているところを、ひょいと神の手（ランコントレ・ミグノンの友森さん）に引き上げられて、ミグノンにて保護されることとなった。2010年の10月15日のこと。このときに病院で推定生後1ヶ月と診断され、カルテに「9月1日生まれ、名前：サバトリオ」と書かれた。

数時間おきに哺乳してもらいながら大きくなったコウハイ。活発でハンサムなお兄ちゃんたちとは違い、発育不良で身体も小さくぼんやりしていて、周囲の人たちに何かと心配をかけていたようだ。

お兄ちゃん猫におっぱいがわりに首や耳元をチューチュー吸われていたので、2匹とはケージを分けて、1匹だけ別の預かりさんに育ててもらっていたみたい。お兄ちゃんたちは、その後、順調に成長し、譲渡会でも人気。すてきなご夫妻に見初めてもらって、今でも2匹一緒に暮らしていると聞いた。

一時は命も危ぶまれたサバロン毛。縁あってうちの猫となり、今では「死にそうだったのは演技だったのかも」と、笑い話になるほど元気はつらつ。小さな猫の命は、たくさんの人たちの温かい手から手へ、愛のバトンでつなげてもらった。お世話になった誰かひとりが欠けていても、今のコウハイはいなかった。そしてもちろん、私の元へも届かなかった。本当にありがとうございました。

しかし。コウハイがすくすく成長している姿をそばで見ていられるしあわせを享受すればするほど、「この子のように捨てられて、そのまま命を亡くす犬や猫もたくさんいる」という現実を強く思う。一度捨てられた命、つながるか絶たれるかはほんの紙一重。人も動物も命の尊さは同じ。生まれてきた奇跡に感謝して、大切にしなくては。

コウハイと暮らすようになって、捨て犬捨て猫の問題について、しっかり長く向き合っていこうと、気持ちを新たにした。今、自分たちにできることから取り組んでいきたい。コウハイがうちに来てくれなかったら、我が家の笑顔はきっと、今の半分だった。その感謝を行動でお返ししなくちゃ。

■コウハイヒストリー・「ミグノン」友森さんのブログより

［2010年10月15日］子猫はセンターで大きめのが残っちゃってるので、ノルマとして片方はやや育っている兄弟にした。急に移動したので、どよん、としている。

［10月16日］昨夜レヴォリューションを滴下した3猫。はて？　トイレはどうなっているか。3匹ともおなかが風船のようにポンポンなのに背中がガリガリ。

［10月20日］新入り子猫どものウンチがやっと固まった。あぁ…お掃除が楽になるかな。でも激しく暴れるので、砂やらフードやらをばらまき、やっぱり掃除して10分くらいでグチャグチャになっている。顔はかわいいんだけどねぇ。3匹一緒に撮ろうとしたら、2匹は止まらなくて写らない。はぁ〜……。

［10月25日］空いた部屋を消毒して、サバトリオが引っ越し。
高い所から犬どもを見下ろしてご満悦だ。すっかり犬にも慣れてしまったただ。

［11月9日］サバトリオのロン毛。ちょっと不思議な子なんだけど、いつも兄弟に首

毛を吸われている……。チュッチュッと聞こえて振り返ると2匹に吸われてうっとりしている。それがねぇ、毛玉になるのよ。

で、一度毛玉を切ったんだけど、そしたらその横で毛をチューチューして違う毛玉が。それにしても悲惨な状態。どうしたもんかなぁ。今度の譲渡会には短毛の2匹だけ出そうかな。分けないと一生この悪癖が続きそうだ。

［11月14日］本日はたくさんの皆様にご来場頂きありがとうございました。猫チームもごっそりと10頭決まりました。（シャルトリュー、アメリカンカール、サバトリオ短毛2匹、半長毛茶トラ3匹、う、うの相棒キジトラ、サビミケ茶トラ兄弟の茶トラ）

〈その後、サバトリオ短毛2匹は、11月17日にお届け〉

［11月25日］問い合わせメールのチェックをしたら60件ちょっと……。その中にサバロン毛の預かりさんから、猫の容体が悪い、というものが入っていた。仕事が残っていたけど、とりあえず点滴セットを持って駆けつける。ピクピクと痙攣《けいれん》して瞳孔が開いてしまって危ない状態。

家に連れて帰って、まずは脱水と低血糖の改善のために少量ずつ皮下点滴。体温と呼吸が不安定で貧血気味なので、身体をこすってやったり排泄させたり寝かせたりと目が離せない。朝方に痙攣が収まり、少しずつ点滴してたらオシッコもでてきて、ちょっと持ち直してきた。

［11月26日］ロン毛が危ない状態で手が離せないので、元気な哺乳チームは1日だけオットに任せることに。血流の下がっているロン毛を1日モミモミして、だいぶ動けるように、鳴けるようになり、好物のサーモン缶を開けてやったらひと口舐めた。

［11月29日］本気で危ないかも……と思っていたサバロン毛がすっかり復活しました。最初は低血糖でピクピクしていて瞳孔も開いちゃっているので「ヤバイ〜生きろ〜」と思いながら一晩中モミモミ。循環が悪くなって朝まで持たないかと思った。少しずつ点滴をして、やっと翌日には意識が戻って立ち上がれるように。でも、オシッコは垂れ流しだった。

　その後、ちょっとずつ食べ物に反応するようになったけど上手く飲み込めないで吸収もできないだろうと、皮下点滴を1日4回、量を調整しながらやった。昨日からまとまった量を食べるようになり。トイレも自分で行けるようになった。1日点滴をやめてみたが、十分に食べるし動き回るし、ごはんが足りないとニャーニャー鳴いてケージをよじ上る。食べすぎておなかはポンポン。もう大丈夫だ。

［12月1日］サバロン毛はさらに復活。食べすぎておなかが重そうなので、ほしがるたんびに缶詰をあげるのはやめた。ドライを置きっぱなしにしておくとポリポリ……。キャキャキャキャッ！　と声がするので覗くと残したフードで遊んでいる。食べ物で遊ぶな。

［12月8日］ロン毛ちゃん、すっかり肉付きがよくなりました。ただ発育不良で標準の猫の1／3の大きさ。どうしたもんかな〜と思っていたら、知人が申し込みをしてくれた。先住犬がいてなじめるかわからないけど今夜からトライアル。

心配だから、昨日もう1回病院に行って検便やら血液検査やら……。やっぱり異常はない。このまま大きくなってくれますように。

死にかけているのを撫でながら「生き返ったらうちで飼う？」なんてオットに言ってたけどちゃんと縁はあるものだ。ワガママしすぎて返されないようにね!!

［2011年1月3日］

一度は死にかけて、このまま育たないいんじゃないかと心配しつつも、思いきってトライアルに出したロン毛。どこが……？　というほど元気だそうで、グイグイ大きくなって先住犬ともすっかり仲よしに。発育不良で体重がなかなか増えないのを心配していたけれど850gになり、とにかく食欲があるのがありがたい。小さくても、性格が変わっていても元気でいてくれればいいのだ。

「正式譲渡にしたいんです」と、こないだフードを買いに来てくれた時に言われほっと肩の荷がおりた。新しいおうちで好き放題にしているようで、兄弟に耳のうしろを吸われていた弱虫は卒業だ。先住犬の性格も、のほほんとしているのがピッタリだったね。

おめでとう！　ずっとしあわせに。

センパイはなんちゃっておかあさん

コウハイが来てすぐは、センパイの態度は硬化。「ねぇ、なんでうちに子猫がいるの？」「この子、いつ帰るの？」と、いつも目で訴えていた。「いやいや。センちゃん、けんけん（オットのこと）とセンパイと私と、そしてこの子猫と、一緒に暮らそうと思うんだよね。どうかな？」そう言ってもなかなか受け入れてくれそうにもなかった。

そこで「一緒に暮らすよ」ということをアピールしようと、並んでミルクを飲ませてみたり、同じおもちゃで遊ばせたりした。センパイがうっかりしている間にコウちゃんにくっつかれてしまったシーンを見たら「うわ〜、センパイ！　コウハイと仲良くしてるんだねー。えらいなー！」とハデに褒めたりもした。しかし、センパイの気持ちに変化はなく、むしろ「子猫のことはなるべく視界に入れない」と決めたようで、不自然で微妙な距離を保ちながらの生活は続いた。

一方、子猫の順応性はすばらしく、あっという間に環境に慣れた。家じゅう、自由にパトロールしてハンガーにかかった洋服に飛びつき、ソファからテーブルに乗り移る。下ろしても下ろしてもあきらめない。空き箱があると、ダッシュしてどすん！　と飛び込む。そのうちにセンパイや私に物陰から飛びつくように……。

慌てたり驚いたり、初めての猫との暮らしに私も疲労困憊《こんぱい》。あまりに困って、「あー、もういやになっちゃうねぇ。どうしよう。センパイ、どうしたらいいと思う〜？」そう、ひとり言ついでにセンパイに相談。

それを聞いたセンパイの目が一瞬キラッと輝いた。相談されたことがうれしかった？　それからというもの、コウハイがいたずらをしているとセンパイは私に報告するようになり、気がつけば、センパイと私でコウハイを見張って……いや、見守っているような態勢になっていた。

　どうやらセンパイは、今まで子猫と同等に扱われることが気に入らなかったよう。「きゃぁ、センパイ。見て！　コウちゃんがすごいことしてるよ！」（ゴミ箱を漁っていた）。「センパイ、どうしよう！　コウちゃんがっ！」（ブロックの焼豚をくわえた）。「センパイ、助けて！」（クローゼットに入り込んで服をひっくり返していた）。枕言葉のように「センパイ」を付ける作戦は大成功。センパイは「ゆっちゃん（私のことを呼ぶイメージ）と子猫育てをしてる」ポジションが気に入って、母のような顔でコウハイの世話を焼いた。センパイは「育猫」に励み、コウハイが外に出ようとしたり、センパイの脚をかんでしつこいときには、「わん！」と教育的指導。なかなか凜とした一喝に、コウハイも一目置く。センちゃん、しっかりもののいいおかあさんです。

センパイの豹変

「犬がいる環境に猫が来る」ということに不安もあった。「先住が猫だと、犬を受け入れないこともある」とか、「先住は、オスよりメスのほうがうまくいきやすい」とか、聞くと意見はいろいろ。結局のところ「種族というよりも、個体の性格や環境によるところが大きい」ということらしい。ならば、あれこれ考え過ぎて憂鬱になるのもよくないし、「当たって砕けろ」ではないけど、まぁ、なるようになるということだ。

でも、ひとつだけ、たぶん勃発するであろう問題があった。それは1日2回のセンパイのメインイベント・ごはんのこと。「猫は、一気に食べない。気まぐれに少しずつ食べる」と聞いている。そして、カリカリなどの猫用フードはずっと出したままになっている（猫を飼っている家ではだいたいそうしているようだ）。その猫用フードを、センパイが放っておくはずがない。猫用フードは犬用よりも味が濃い（おいしい）らしいし……。

あれこれリサーチしたら「食事する場所に段差をつけるといい」という答えが導き出された。センパイはテーブルや棚の上には乗らない（乗せない）ので、その高い所を猫の食事場所にした。

何事も先住犬を尊重、ごはんの準備もセンパイが先。「スワレ」「マテ」「ヨシ！」でセンパイはごはんに飛びかかる。それから、コウハイにごはんを準備して食べさせる。センパイはわしわしわしわしわしと、ほんの数秒で完食。「ふぅ、おいしかったぁ〜！」と甘いため息。そこで、ふと棚の上を見るとコウハイが、カリ、カリカリ……とまだのんきに食べている。そこでセンパイは思うのでした。「はぁ？」「ちょっと、あんた！　いつまで食べてんのよっ！　さては、あたちよりいっぱいもらってるんだね！　許さないよっ！」。おっとりやさしかったはずのセンパイは、犬が変わったよう。あっという間に、こめかみに絆創膏貼ってるおばちゃん（イメージです）と化し、棚の下でじーっと睨みをきかせている。おたまを握って仁王立ち、戦闘態勢に入ってる感じ。なかなかの迫力。

「わー、どうしよう。こんな不穏な緊張感には耐えられない」と打たれ弱い私。フードを置きっぱなしにするということは、センパイが一日中こんな感じになるの？

しかし、コウハイはセンパイの食事風景を見て学んでいたのです。「出されたものは残さず食べる」というマナーを身につけた。完食にはじっくりと20分はかかる。なので、センパイはごはんの後20〜30分ほど豹変。コウハイを見上げて「後から来たくせにいつまで食べてんだ！　生意気だよっ！」と訴え、棚から降りるコウハイを待ち構えて「おい！　こら、待ちな！」と追いかける。

このときばかりは強気。いくら言ってきかせてもセンパイは理解を示そうとはせず、気持ちは治まらない。和解の道は遠い。

引っ込み思案、卒業しました

散歩の途中で知らない犬に出会うと、電柱が何本も先のはるか遠くにいても「うぬぬっ」と立ち止まる。ドッグランへ連れて行っても、どの犬とも目を合わさず隅っこで孤独なランナー。センパイから「こんにちは、遊ぼう！」と犬を誘うことなど、ほぼない。子犬の頃からそうで、成犬になれば少しは社交的にもなるかと期待していたけれど、持って生まれた性質か飼い主に似たのか、犬見知りは変わらない。

センパイのまったりマイペース、無菌状態な日々に土足で踏み込んで（まぁ、踏み込ませたのは私ですが）、どすどすと引っかき回しペースを狂わせるコウハイ。コウちゃん、猫って、もっと思慮深い知的な生き物かと思っていましたが？　何事にも明るく当たって砕けろ的なコウハイの生き方にセンパイはあたふたあたふた、目を白黒させるばかり。

　コウハイの、真夜中の運動会やひとりジャンプ競技会にも慣れてきてからは、トレーニングが開始されると、「またはじまったねぇ……」と私に目配せしてくるセンパイ、すっかりあきらめの表情。

　しかし、私はあきらめきれずにチョモランマ（積み上げられた本の山）のてっぺんにいるコウハイに「きゃぁ〜、コウちゃんそこはだめだよ〜」。食品ストッカーの中を物色しているコウハイに「きゃぁ〜、やめてぇ〜！」といちいち叫んでばかりいた。そんな私の姿がセンパイの目には「なんだか楽しそう！」と映ったみたい。叫ぶ私といたずらをして「へけけ！」と逃げるコウハイを、遊んでいるとでも勘違いしたのだろうか。確かにスリリングで刺激的ではあるけれど、楽しそうにした覚えはないよ。

　たぶん、本人（犬）は、気づいていないと思うけど、その頃からセンパイの行動が変わってきた。コウハイを見て「夢は見るものではなく、叶えるものね！」とでも思ったのかな。私たちがひと息つくのを見計らっては「ねぇねぇ、遊ぼう！」とアプローチしたり、散歩のときも顔見知りの犬に会うと「げんき？」とあいさつができるようになった。私のうしろに隠れたりはもうしない。

「あらセンパイちゃん、ごあいさつしてくれたのねー」なんて、褒めてもらうと、目をキラキラさせて、しっぽを振ってご機嫌。

センパイがコウハイに触発されて、ちょっとずつ積極的に自己主張をするようになった。これは、猫と暮らすようになってからのうれしい変化。センパイが言葉を話せたら、そのへんの気持ちをじっくり聞いてみたいものだ。

スカウトされてセンパイCMに出る

ある夜のこと、携帯電話に知らない電話番号の着信があった。出てみると「年末にお会いしたイワサキです」とおっしゃる。イワサキさん……？　あ！　あのイワサキさん……？　私の大好きな本『Say Hello!　あのこによろしく。』（ほぼ日ブックス）の？

昨年末、京都の「Dog Cafe」主催の『DOGGY NEWS写真展』（写真家・奥村康人さんの作品展）が鎌倉であったとき、お手伝いがてらセンパイと一緒に見に行って、そこでイワサキさんと偶然お会いし、ごあいさつさせていただいた。いつも本で眺めていたあの子たち（ジャックラッセルテリアのルーシー&ハンナ母娘）もいた。覚えていてくれただけでうれしかったけれど、続いたイワサキさんの言葉は衝撃的だった。

「あの、センパイちゃんとCMに出ていただけませんか」

聞くと、犬や猫の害虫駆除薬のCMを制作していて、出てくれる犬を探しているとのことだった。

「えー。大丈夫ですか、センパイで」イワサキさんは「はい、センパイちゃんなら大丈夫だと思ってお電話しました。お願いできませんか」「うーむ、本当に大丈夫かなあ……」。

不安だったけれど、イワサキさんのお言葉に背中を押されて、ここはひとつ、やらせていただこうか。

あれよあれよという間に話はまとまり、撮影日や集合時間も決定。撮影前日にセンパイをシャンプーしたのがステージママとして、私のせめてもの役目。

撮影当日は、朝4時半に集合で、6時から撮影がはじまった。私が緊張してしまうとセンパイにも伝染してしまうので、あれこれ考えるのはやめて、待ってるバスの中では、同じく出演予定の小学生男子と怪談話を披露しあったり。

いざ、撮影となった。臆することなくスタッフの輪に入り、真ん中に座り込むセンパイ。こんなとき、センパイの鈍感力はとても頼りになって、現場の緊張感にも飲まれない、というか感じていない。監督の今村直樹さんは犬が大好きで、センパイをとてもかわいがってくれた。おいしいおやつをたくさんもらったので、「もっとくれるの？　くれるのね？」と、センパイは今村さんのことばかり見る。今村さんがそのままそーっとカメラの方に動き、撮影スタート。センパイは恋するような目で今村さん（本当はおやつ）を見つめ、それがカメラ目線となった。大きな窓から入り込む日射しが心地よくなって、撮影の途中でウトウト居眠りする大物ぶりに、私は呆れるのを通り越してちょっと尊敬した。

その「フロントライン」という商品のCMは、平原綾香さんの深い歌声とともに雰囲気のあるとてもきれいな作品となった。画面に映る自分の姿、センパイはどんな気持ちで観たのかな。

一致団結？　お出かけしないで

犬は飼い主に忠実。「飼い主の喜ぶ顔を見たくて生きている」と思えてしまうほど(少し大袈裟かもしれないけれど)、犬はいつも飼い主のことを気に留め、見つめている。

私が原稿を書いているとき、センパイは机の下で寝ている。私の足を枕にして。少しでも席を立つと「あ、どこ行くの？」と頭を上げて、一瞬、緊張した面持ち。「トイレだよ」とか「ちょっと水飲んでくるよ」と声に出して伝えると「あ、そうなんだ……」と安心した様子。「待て」と言うとずっと待っている。「よし！」と言うまで待つ。食べ物を前にしていると、たまに「辛抱たまらん！」とフライングしてしまうときがあるけれど、ほぼちゃんと待てる。そんな関係も、お互いがもっと年齢を重ねると変わってくるかもしれない。今のところセンパイは飼い主の言うことは素直に聞いてくれるし、気まぐれな外出にも付き合ってくれ、私たちを一途《いちず》に想ってくれているよう。

「猫に言うことを聞かせようなんて、最初から無理なことなのよ」。猫を迎えることになったとき、猫飼いの先輩たちは口々に言った。「そんなものなの？」とぼんやり聞いていたがやっぱりそうだった。コウハイが来たばかりの頃の我が家では、猫にはテーブルの上に乗ってほしくないと思っていた。もちろん先住のセンパイも乗らないし、食卓を猫が闊歩《かっぽ》することになんとなく抵抗があった。まぁ、けじめというか。

しかしテーブルは、もはや猫の空中散歩の通り道。コウハイはソファから本棚に飛ぶ途中にテーブルに着地、そのたびにテーブルクロスとじゃれたりダンスをしたり。テーブルをステージにして得意げだ。

「どうしてもしつけたかったら、新聞紙を丸めた棒を作っておいて、猫がいけないことをしたら、その棒で壁をバンと叩く。そうしたら、その音が不快だからいたずらをしなくなるよ」

秘策を伝授してくれた人がいて、さっそく試してみたが、音に怯《おび》えたのはセンパイのほうで、コウハイにはまったく効果がなかった。

しかし、意外にもコウハイはセンパイに忠実。うたたねをするセンパイにちょっかいを出してからかったりもするけれど、いざというときは空気を読んでセンねえたんの言うことを守り、一致団結。その上、どこかセンパイを尊敬しているフシもある（私たちのいないところで、センパイが先輩風を吹かせているのか）。2匹だけの意思の疎通が確実にあって、コウハイがセンパイの様子を窺いながら行動することも多い。何よりも、コウハイはセンパイの前で私に絶対甘えない。これが、センパイへの最大の気遣い。

さて。日々の中でセンパイにとって一大事は、私やオットが出かけてしまうこと（コウハイはセンパイと一緒なら留守番も平気）。私が服を着替えたり出かける準備をはじめると「はっ、これは大変！」とセンパイの表情が変わる。「ね、どっか行くの？」「あたちも行くよね？」「一緒に行くよね？　ね？　ね？」とうしろをついて歩き、そのあとは置いていかれないようにと玄関に座り込み。「あたち、ここにいますよ！　いますからね～！」というオーラを全身に滲ませる。

そんなセンパイの姿を見てコウハイも「ありゃ、こりは油断できニャい！」。私とセンパイの様子を見ながらちょっとソワソワしているコウハイに、最近ではセンパイが「コウちゃん、ゆっちゃん（私のこと）を見張りなさい！」と、指令を出している

（ようだ）。

コウハイは「はっ、了解でやんす！」とセンパイに忠実な部下となる。センパイに遠隔操作されているのか、出かけようとしている私をコウハイが執拗《しつよう》に見張る。そしてときには、私の行動をセンパイが監視し、そのセンパイをコウハイが気にしてストーキングという、二重の張り込みが行われることもある。とはいえ、私の外出を阻止しようと2匹が吠えたり騒いだり、留守番中に何かを破壊したりなんてことはないので、助かってはいるけれど。

この頃では、センねえたんを見習って、コウハイも玄関に座り込み（寝込み？）までする始末。飼い主にはそうでもないけど、センパイには要領よく従う。名は体を表す？　すっかり後輩気質を身につけた。

コウハイと暮らして片づけ上手に？

子猫がやって来ることになり、猫暮らしの先輩（人のほう）からアドバイスをたくさんもらった。

「もうね、子猫のパワーはすごいんだよ。そのへんに落ちてるヒモとかなんでもおもちゃにしちゃうし、走り回るし……。覚悟しておいたほうがいいよ！」「モノを落として壊したりするから気をつけて！」

ほうほう、そうなのか。あんな小さな身体にそんなパワーが潜んでいるのか。しかし、当時の私には、その図がいまひとつ想像できないでいた。私にとって、猫はほぼ想像上の生き物。こたつでまあるくなって寝てるとか、本棚の上から、下界（私たちの暮らし）を見下ろしているとか、そんな置物のような印象でしかなかった。

一緒に暮らすというよりは、猫に見つめられながら暮らすことになる……と。日々、ごはんを差し上げるぶん、猫もときどきは話を聞いてくれたりする、気が向いたときに相手になる、程よい距離のさらりとした関係になるとばかり思っていた。

しかし、先達の言うことはいつも（ほぼ）正しい。私は、初日で「子猫の身体にはバネが入っている！」ことを確信した。人に飛びついて足元で転げ回るし、なんでも食べようとする。乾燥ワカメや海苔、ダシ系のものは、すべて袋から取り出す。袋を破って豆をばらばらまき散らす（この頃は、毎日が節分のようだった）。朝食べようと思っていたパンも食いちぎられた……。夢であってほしかった。しかしもう後戻りはできない。

そこで、コウハイに狙われそうなものは、うちで唯一コウハイが上れそうにない場所、冷蔵庫の上に避難と決定。おかげで冷蔵庫と天井のすき間は乾物類のてんこ盛り。それだけではない。コウハイが来てから、使ったコップや飲みかけの飲みものをテーブルの上に置いてはいけないことに（テーブルの上から転がして落とす↓絶対わざと）。使った食器もそのままにしておけない（なめまわす↓「激落ちくん」で磨いたようにピカピカに）。この2点については、生活習慣をいい意味で改めることにもなり、まぁ、よかった。さらに、キッチンのごみ箱の上には漬物石が置かれるようにもなった。ごみを捨てる際にはいちいち漬物石を「どっこいしょ」と持ち上げなければならず、面倒だけれど「この不便さも、うーん、悪くもない」と負け惜しみでつぶやいてみたり……。

それから、すごくすごく残念なことがひとつ。それは、花を飾れなくなったということ。コウハイは花器から花を1本ずつ取り出すのが趣味。花をくわえて引っ張り、取り出してはあっちにポイ、こっちにポイ。花器にどすん！　とタックルして水がじ

「暑いときはね、床におなかをべったりくっつけると涼しくなるんだよ」のコウハイと、暑くてもソファで眠る派のセンパイ。近くにいたくて？ このような図に。

箱入り娘・センパイの安心しきった寝顔。被毛はきなこもちのよう。

こんな頃も　ありました。

仕事中も膝の上。
甘えん坊のさみしん坊、
どこへ行くのも一緒に。

嫌なことは
ゼッタイ嫌!!

「やるときはやる」。
スイッチが入るとお互い
に引かず。

程よい距離を保てるようになりました。あぁ、成長(しみじみ)。

ゃあじゃあ。ときには、花占い。花びらを1枚1枚食いちぎって散らかして……。最後には、占いの結果が気に入らなかったのか、茎だけが生けられた花瓶にグーパンチ。再び花を飾れる日、来るのかなぁ。コウハイと暮らすようになって、私はなくしたものを数えないで生きようと決めた。

ハコオトコの2階建て『暴れん坊ハウス』

ある日、宅配便が届いた。荷をほどきダンボール箱を放っておいたら、ふと気づいたときにはコウハイがすっぽり入っていた。「もう1週間も前からこうしてましたよ」とでも言いたげにあたり前のような顔をして。あまりにもしっくりと収まっていたので、「そんなに気に入ったのなら、コウちゃんにあげますよ、その箱」と、進呈。ついでにカッターで穴を開けて、窓を作ってやった。不思議なもので、ダンボール箱も窓を開けただけで、立派な家に見える。近くを通るセンパイに窓から手を伸ばしちょっかいを出すコウハイ、ご満悦。そして、めでたくダンボール製の持ち家『暴れん坊ハウス』のオーナーとなった。センパイより出世が早い。

　その数日後、工作好きのオットが立ち上がり、どこからかダンボール箱を見つけてきては増築をくり返した。小さな箱ひとつだった家も今ではペントハウス付きの2階建て4L。「中で部屋と部屋（箱と箱）が上下左右完璧につながっていて、自由に行き来できるよ！」と、棟梁《とうりょう》（オット。道具はノコギリでなくカッター）は自慢げ。採光を意識してかあちこちに窓を開けているので、明るくて快適そうだ。コウハイはセンパイと遊びたくなった時、ぼんやりしているセンパイを背後から「とりゃぁ〜」と襲っては、そのままダッシュで暴れん坊ハウスに逃げ込む。センパイが中に入ってこられないことをちゃーんと知っていて、そこをアジトにいたずらを仕掛けるのが楽しくて仕方ない。

　昼寝をしているセンパイの顔ギリギリのところをコウハイが猛ダッシュで走り去る。「なななにっ？」とびっくりして顔を上げたセンパイと私が見たのは、「どてん！」とハウスにぶつかり転がったコウハイの姿。知らぬ間に身体が成長していたコウハイ、いつも出入りしてる窓が小さくなっていたのでした。「ぷぷぷっ、ばっかじゃないの〜」日頃の暴挙をいまいましく思っていたセンパイも、この時ばかりは溜飲《りゅういん》を下げたと思う。

コウハイは、今も暴れん坊ハウスで過ごすことが多い。小さくなった窓は四方のダンボールを食いちぎり、自分サイズにリフォームすることも覚えた。以後、ちょっとずつ窓を広げることを怠らない。何事も一度で学ぶのがコウハイの偉いところです。だいぶクタッとしてきたハウスだけれど、棟梁による釘ではなくガムテープを使った愛の修繕で、まだまだ持ちそう。

最後は一緒に日だまりベッド

南向きの窓辺にセンパイ用のベッドが置いてある。ドーナッツのように丸くてマシュマロのようにふんわり、晴れた日には日射しが降り注ぎ、ふかふかぬくぬくな日だまりベッドとなる。私が犬猫ほどの大きさになれたら「一度あのベッドにもぐって2匹と寝てみたい」と羨望する我が家で一番居心地良い場所。そこはいつもセンパイの特等席なのに、先日、気がついたらコウハイがいた。

ベッドの中でそれはそれは堂々と、身体を伸ばし「天下獲ったり！」という顔をして寝ている。横には床で背中を丸めて眠るセンパイ。あれれ、コウちゃん、ずっと狙っていたんですか。下克上ですか。

しかし、不穏な空気は漂っていない。センパイは平和主義、獲られた天下（ベッド）を獲り返そうなんて1ミリも思わない。「センちゃん、コウちゃんにベッド獲られちゃったけど、いいの？」そう訊ねても「んー、それより今は眠いのよ〜」と柳に風。

しばらくしたら、コウハイが目を覚まし「ふわわわ〜、よく寝たニャ〜」と大あくび。それから気分転換？　ベッドをあとに隣の部屋にパトロールに出かけた。

「お？」すると、センパイ、すかさずベッドに移動。無表情だけど背中はうれしそう。そうか、センパイ、ただのんびり寝ていたわけではなく、じっとこのときを待っていたんだね！　家康タイプだね！　戦わずして天下を獲り戻したセンパイは、何事もなかったかのように、また静かにベッドで眠りはじめた。

一方、コウハイ。パトロールを済ませ気分よく戻ってきたら、あらら、ベッドにはセンねえたん。「さっきの夢の続きを見ようと思っていたのに……」世の中そう甘くないニャ、どうしたものかと立ちすくむ。策士・コウハイ、負けて勝ち獲れ？　とりあえず、自分の陣地（ベッドの横にあるダンボール箱）に引き揚げた。

すやすやと眠るセンパイの横顔を見ながらコウハイは考えた。じっくりじっくり思いを巡らし策を練り、作戦を行動に移すときを待つ。「あ、ねえたん、すっかり寝入ったみたいニャ」コウハイは首を伸ばし、センパイに近づき寝息を確認。出陣は今！センパイのベッドに潜入開始。こんなとき、コウハイは実に注意深い。息を詰めてそろーりそろーり、でも心の中では「えいっ！」と思いきって大胆に。細心の注意を払いセンパイの背中へ回り込み、最後の一歩まで気を抜かない。

ゆっくりと腰をおろして「ふ〜っ」。ハイ、大成功。「やっぱりね〜。一度眠ると、センねえたんは起きニャいって、知ってたのよ」。コウハイ、してやったり。そのあと、少しの時間、緊張しながら様子を窺っていたけれど、「よっしゃ、大丈夫そ♡」とセンパイの背中にペッタリとくっついて満足そうに眠った。コウハイは、天下獲りしてベッドを占領するよりも、センねえたんと眠りたいだけなんだね。コウちゃん、よかったね。

撮られるの、嫌いじゃないんです

ある年の秋から冬にかけて、ありがたいことにセンパイとコウハイの取材が続いた。とはいえ、センコウがインタビューに答えることはない。質問を受けて答えるのは私で、私が取材を受けている間に、部屋にいるセンパイとコウハイをカメラマンが撮影してくださる。

もともと我が家は、来客が多い。人が何人来ようがセンパイもコウハイも動じない。お客さまはもちろん、郵便屋さんも宅配便も、ヤクルトさんも大歓迎。インターホンが鳴り、ドアを開けると、まずはセンパイが「いらっしゃ〜い！　待ってたワ〜ン！」と飛び出し、コウハイは「よく来たニャ。おまえは誰ニャ？」という顔で、玄関マットの上で待ち構える。誰が来ても緊張しない。

センパイは撮影されることにこだわりがあって、「あ、カメラはそこね」と自らカメラに目を向ける。常にカメラ目線。「センちゃん、それではいつも同じ表情になってしまいますよ」、ステージママよろしく私が言っても、「いえいえ、あたちはこれで」と、視線を決して外さない。「アップは右方向からしか撮らせない」という女優さんがいると聞いたことがあるが、センパイ、まさかの女優気取り？

しかし、撮影してくださるカメラマンのみなさんこそ、プロ。カメラを構えるのをやめ、センパイに「あ、もうおしまいね」と思わせておいて、緩んだ表情をパチリ。「悪いけど、センちゃんにはあんまり興味ないのよね〜」というオーラを出しつつ隙を見てパチリパチリと撮る人も。犬や猫が好きそうなおもちゃを持参して、ピーピーと音を鳴らして遊びながら撮影してくださる方もいた。

とにかく、かまってもらえるし、たまにおいしいおやつをもらえることもあるので、センパイは撮影が好き。

一方「猫は、犬と違って食べ物でつられない。気まぐれだし、撮影は難しい」というのが定説で、私はコウハイに関して取材は受けられないと思っていた。

しかし、センパイの取材中、ふと気づくと撮影している横に「しらー」とコウハイがいたりする。「コウちゃん、何まったりしてるのよ？　しかも撮影中の今、なぜ、ここで……」そう聞いても、コウハイは「ニャんのこと？」ととぼけ顔。「ちょっと考えごとしててさ。ん？　あれれ、ボクはたまたまここにいたんだけど、みなさん、何かやってたのかニャ？」コウハイがおしゃべりできたら、きっとそんなふうに言う。

テーブルの上で、小さな雑貨などを撮っているときも、カメラマンがふと手を止め「レンズを覗いていて、視線の隅で何かが動くと思ったら、コウハイちゃんのしっぽでした」なんてことや、撮影するはずのペンケースが見当たらなくなって、「どこへやった？」とみんなで捜したら、コウハイがその上に座って隠していたこともあったっけ。

飼い主として「犬や猫の気持ちを尊重したい。あまり無理はさせたくないな」と思う。しかし同じような仕事を経験した者として「こんなページにしたい、こんな写真が撮りたい！」という思いもよくわかるので、その希望に応えたいという気持ちにもなる。

犬や猫は、飼い主の感情を察知する。たとえば撮影中に、私がカメラマンのリクエストに応えようと「セン（コウ）ちゃん、一瞬でいいから言うこと聞いてよー！　お願いー！」と焦ったりすると、それを感じ取りセンコウも「あわわわ、ゆっちゃんが、イライラしてるよ～」と落ち着きを失う。そうするとますます上手くいかなくなる。

私はその状況に陥るのが怖い。

センパイは撮られることに慣れている。鈍感力を発揮して、どんな悪条件でもほぼイメージ通りの仕上がりとなる。マイペースなので、がんばりすぎることもなく撮影中も飽きたら居眠り。そこもご愛嬌《あいきょう》。

センパイを撮っていたら、コウハイが入り込んで写っていたり、取材に集中していたら、おやつを盗み食いしたり。コウハイは、そんなアピールをするも気まぐれ。稀にすごくいい写真が撮れることもあるが、そうでもないことも多く、一種の賭けとなる。

撮影のあとはおやつを奮発。ごはんもドライフードの上に茹で野菜や納豆など、センコウの好物をトッピング。これが私からのせめてものお礼です。

センコウ対決のはじまり

センパイはコウハイにとって100％大好きなおかあさんで、やさしいおねえちゃんで、楽しい友だち。疲れたらセンパイに寄りかかって眠くなるのを待ち、地震のときもセンパイのそばに避難。座り方も眠る姿もセンパイにそっくり。猫は、おなかがすいたときに気まぐれ食べをすると言われているけど、コウハイはセンパイを見習い(?)、がつがつと一気に力強く食べる。センパイがベランダに出たらコウハイも出たがるし、センパイが食べるものはみな「それニャに？　ボクにもちょうだーい！」と欲しがった。

我が家での暮らしにも慣れ、すくすくと成長したコウハイは、思春期を迎え生意気なやんちゃ盛りとなった。濡れネズミのようだった極小の身体も大きく育ち、被毛も伸びてもふもふ。明るくて好奇心旺盛、何にでも首を突っ込んでいく積極的な性格は子猫の頃のまま。

センパイは、コウハイのいたずらやわがままにも「小さいから仕方ないわねー」と我慢していた。しかし「そうは言っても、結構大きくなってきたよねぇ？」と気づきはじめたそんな頃、コウハイも「センねえたんって、いっつもぼ〜っとしてるニャ」ということを知る。その上、楽しい遊びまで思いついた。それは、ねえたんにケンカを仕掛けてからかうこと。基本、センパイには忠実なコウハイだけど、センパイと遊びたくて、ときどきスイッチが入る。

　生まれたときから犬よりも人に囲まれ、おっとりぼんやり過ごしてきたセンパイと、路上出身のコウハイ、勝敗ははじめから決まっている。コウハイは、センパイが日なたぼっこしているときやソファでうたたねしてるときを狙う。センパイの、フェルトでできたのしいかのような耳と、手羽先にも似た脚をめがけて突進。誰かを驚かそうと、物陰で待ち伏せしている小学生のように、身体中にわくわくを滲ませ「うりゃ～!」と飛びかかる。

「きゃ!」センパイは、不意をつかれて飛び起き「やめてコウちゃん!」。反応されることがうれしいコウハイのテンションはますます上がり、ポカスカポカスカ、猫パンチ(この「ポカスカ」って、マンガの中だけの表現だと思っていたけれど、コウハイはふさふさの被毛からピンクの肉球を突き出し、センパイをほんとに「ポカスカポカスカ」攻撃します)。

　センパイは狙いどころもわからなければ、スピードでもコウハイに敵《かな》わない。羽交い締めにされて「あわわわわ」となり、足をバタバタさせるのがせめてもの抵抗。私もオットも、よほどのことがない限り2匹のバトルには手を出さないことにしているので、「あぁ……」思わず目を覆う。

最初は「センちゃん、小さいコウちゃんに手加減してえらいなぁ」なんて言って笑っていたけど、実は手加減どころかほんとのほんとに必死だったのだ。思えば、それまでケンカなんてしたことないし、犬の友だちとじゃれ合うのも苦手だったセンパイ。誰かに挑まれることなんて、一度もなかった犬生だもの。

「もう、ほんとにやめてー！」センパイ、いっぱいいっぱいの本気の一喝で、コウハイも「おっ」とひるむ。「あーもう、ほんとにやめてよー。ね、どういうつもり？」

そこからは、センパイのお説教がはじまるのでした。

コウハイ、ピンチ！　その1　ぐったりから手術へ

あれはコウハイが1歳半の頃のこと。夕方「ただいまー」と帰宅すると、あれれ、様子が違う。いつもなら「おかえりおかえりー！」とセンパイとコウハイ、ふたつの毛糸玉が転がるように飛び出してくるのに。その日は、大きな茶色い毛糸玉しかやっ

て来なかった。

　玄関に立ったまま、家の中を見渡すと、リビングの隅の壁にぴったりくっついてコウハイがいた。丸まってやけに小さく見える。「コウちゃん！」声をかけると、こちらを向くものの目に力がない。ははーん。さては、いたずらが過ぎてセンパイの教育的指導を受けたに違いない。「センパイに怒られたの？」そうのぞき込むと、コウハイは「いや、その、ニャんつうか……」と目をそらす。

　ほどなくごはんタイムとなり、2匹はそれぞれ自分の定位置についた。「よし！」の合図で食べはじめ、いつもなら「ガツガツ、カッカ」（センちゃん）、「カリ、カリ」（コウちゃん）の二重唱になるはずが、うーむ、今日はハモらない。見ると、コウハイはごはんの前でスタンバイはしているもののひと口も食べていないのだ。「食べたい気持ちはあるんだけれど、どうにもこうにも食べられないんでやんす」という表情。さすがの私も「これはただごとではないな」と気づき「コウちゃんが食べないのなら、あたちが食べてあげますよー！」センパイだけが色めきたった。

　その夜、コウハイはぼ〜っと宙を見つめたり、気配を消して物陰に隠れたり、横になって少し眠ったり。そして二度ほど吐いた。日頃、寝力は誰にも負けない私だが、この夜ばかりは熟睡できなかった。少しウトウトして、目が覚めたらコウハイの様子を見て、眠っている姿にほっ。念のために耳をそばだて心音を確認、「生きてるー！」と一喜。そして、コウハイが目を覚ましているときは、撫でながら「コウちゃんにはみんながついてるよ〜だいじょぶよ〜」と声をかけた。

いつも冗談で「犬も猫もそろそろコトバを話してくれないかなー」と言っているけど、このときばかりは「少しでもしゃべって！」と心底思った。「おなかが痛い」とか「昼間、へんなもの食べちゃったー」ひとことでもいいからしゃべってよ……。いくら考えても現実になるわけがないけど、そんな妄想をして現実逃避。時間をやり過ごし自分を慰めた。でも、私が心細そうにしていると、横にいる2匹にもその気持ちが伝わってしまうから、極力明るく冷静に。

長かった夜が明け、私は診察時間を待ってコウハイを病院に連れていった。動物病院は、ワクチン接種と、去勢手術とこれで3回目。あまりにぐったりしたコウハイを見て、院内のスタッフがわらわらと集まってきた。

「あらあら、コウハイちゃん。いつもの元気はどうしたの？」

「コウちゃん、つらそうだねぇ。どうしたのかな？」

先生は、やさしく話しかけながらコウハイを診てくれた。まずは外傷がないかを確認し、おなかを触診。口の中を見ても、コウハイは無表情で無抵抗、耳と目だけをときどき動かす。撮ったレントゲンを見ながら診察結果を聞いた。「何か、胃から小腸にかけて通過障害があるようですね」と獣医さん。しかしレントゲンからは明確な異常が見当たらない。食欲もなく弱っていく一方なので、とりあえず脱水症状に陥らないよう皮下点滴を。胃の中の異物を溶かす薬と胃腸薬を処方してもらい、もうしばらく様子を見ることとなった。

そして翌日。食欲もないまま、水分も摂らず、気配を消してただじっと苦痛に耐えているように見えるコウハイ。状況が変わらないので、もう一度病院へ。再度レントゲンを撮り、次にバリウムのようなものを飲ませ、数時間かけて胃腸の動きを診た。その結果、飲んだものが腸の上部1／3までしか流れていかないことが判明。ここに何かが詰まっているようだ（獣医さんは、断言まではしないのだけど）。

「やんちゃな子猫などに、遊んでいて勢いで何かを誤飲してしまう子がいます。でもそれが金属でない限り、レントゲンなどにははっきり写らないんですよ。コウハイちゃんの昨日と今日のレントゲンを見比べると、小腸の同じところにうっすらと影が写ります。これが誤飲した何かの可能性がありますね。もうしばらく様子を見ますか。それとも、手術、しますか？」

獣医さんの説明はとても明解だ。はわわわ、どうしたらいいの？　こんな重要な決断を迫られて、私の心はじたばた。しばらく間をおいて「じじゃあ、しゅ、手術、お願い、し……、ま、す」歯切れ悪く答えた。

「わかりました。手術するなら、早いほうがいいですね。それだけコウハイちゃんの苦痛が早く治まりますから。検査中も、弱っているのに、コウハイちゃん、んるるー、るるーと異議を唱えていましたよ。気力はありますね」

「は、はいーっ。よろしくお願いします」

手術は、病院の診療時間後、夜の9時頃からはじめることになった。

私は、いったん帰宅して、手術終了の連絡を待った。「コウちゃん、大丈夫だからねー。しっかりねー。がんばるんだよー！」と気持ちのエールを送りつつ、脳内に浮かぶ一万円札が羽をつけて飛んでいく図を振りはらう。「ええいっ、今はコウハイの健康が最優先。お金はなんとかなるわーん」。泣きたいけれど、今大切なのはコウハイの命。こうなったら、やけっぱち。

11時過ぎ、病院から電話があった。

「手術、無事終了しました。コウハイちゃん、がんばりましたよ。まだ麻酔で眠っていますが、会いに来ますか」「い、行きまーす！」

私はセンパイを荷台に乗せ、動物病院まで自転車を飛ばした。

コウハイ、ピンチ！　その2　原因はなんと……

首にはエリザベスカラー、筒状の包帯に穴を開けたような服を着せられ、右前脚には点滴……。手術を終えたばかりのぐったりとしたコウハイの姿に、私の膝はガクガク。

「コウちゃーん！　コウちゃん大丈夫？」「がんばったねー！　えらいねー！」

気持ちを振り絞って声をかけた。

コウハイはただならぬ気配と声に目を覚まし、私をチラ見。「はいはい、聞こえてます。でも今は、静かにしてほしいでやんす」と迷惑そう。そして、センパイにも気づき、「ねえたん、来てくれたでやんすか。かたじけない……」と頭を少し持ち上げ黙礼。なんだか態度に差があるよ。センパイは、眉を寄せて深刻そうな顔でコウハイをじっと見つめていた。

とりあえず、コウハイの姿を見てひと安心。別室で執刀した先生から説明を受けることになった。

「コウハイちゃん、よくがんばりました。手術は約2時間かかりましたが、すべて順調でしたよ。開腹して異物を取り出しました。腸に詰まっていたのは……」

ごくり。私は身を乗り出した。

「腸に詰まっていたのはこれです。約2センチくらいの、梅干しの種でした」

ちょっと待って、なんですと？

「えーっ？　梅干しの、種、デスカ〜？」

慌ててへんなイントネーションになったが、先生はたんたんと続けた。

「コウハイちゃんの腸には梅干しの種が詰まり、管に栓をしたような状態になっていました」

一瞬、受け止められなかった。私は戸惑いと疑問を先生にもうひと押し。

「いや。あの、梅干し、うちではここ何日も食べていないし。ほ、ほんとですか？」

我ながらしつこい。しかし、先生は「いつ飲み込んだのかはわかりませんが、飲み込んでも消化されずに、ずーっと胃の中で浮かんでいたということも考えられます。胃から腸に流れ出して途中で詰まったんですね。だから胃の中にある間は、ときどきチクッと痛むようなこともあったかもしれませんが、それほど影響がなかったんだと思います。果物の種を誤飲するのは食いしん坊の犬にはときどきあるケースですが、猫で種を詰まらせたというのは……私にとっては、はじめてです」

はぁ……。コウハイよ、またひとつ伝説を作ってしまったようだね……。ともあれ、コウハイは痛みにも耐え、手術も無事成功。梅干しの種も取り出して、あとはじっくり静養して回復を待つばかり。このまま順調にいけば5日後くらいには退院できるらしい。

遅くまで残ってくれていたスタッフのみなさんに感謝を伝え、この日が結婚記念日だった院長先生にも「お騒がせしました……」とお詫び。そして、コウハイのケージの下に入院中だったラブラドールのイネットさんに「うちのコウちゃんをよろしくお願いします」とあいさつし、家路についた。

夜の商店街をセンパイとの帰り道、3月の夜風に頬を撫でられ、少し冷静になった私は、安堵とともにじわじわと腹が立ってきた。「まったく人騒がせなコウハイめー。この大騒ぎの原因が、梅干しの種だったとはー」センパイに言うでもなく声に出してつぶやいた。とはいえ、まぁ、こんなふうに怒っていられるのもコウハイが無事だったからこそ。いやになっちゃうなぁ。いやになっちゃうけれど、無事でいてくれてよかったなぁ。本当によかったなぁ……。

翌日から、私とセンパイはせっせと面会に通った。コウハイは若いからこその回復力を発揮、的確な診察とケアのおかげで、どんどん元気を取り戻していった。2日目には点滴も取れ、3日目には看護師さんに「遊んでくれー!」とケージの中から猫パンチでアピール。4日目には食欲もまんまん、おしゃべりも増えた。

家から病院までは歩いて20分。空気は冷たいけれど、センパイがいるから寒くは感じなかった。コウハイは、痛みもなく温かい病室で眠っている。眠って眠って、身体を癒やしている。そして、目覚めたときにはまた前より少し、楽になっているはずだ。それだけでうれしい。それだけで私は幸せだった。

そして5日目、コウハイは予定通り退院できることとなった。

コウハイ、ピンチ！　その後　センチンゲール

術後の経過も順調。コウハイは予定通りの退院となったが、「よかったよかった。さぁ、おうちに帰ろう」と感無量なのは私のほう。5日間の入院生活、コウハイは、看護師さんたちにやさしくしてもらってまんざらでもなかったのか、ベッドに頬をすりすりさせて名残惜しそうにしていた。

病室から診察室に移り、エリザベスカラー姿のコウハイと共に、獣医さんからこれからの説明と注意を受けた。

「経過を見ながら約1週間後に診察し、問題がなかったら2週間後に抜糸します。そして……」

先生の声のトーンが変わったので、「おっ」と緊張してスッと背筋を伸ばす私。先生は続けた。

「脅かすわけではありませんが、誤飲をする子は、必ずと言っていいほどまたやりま

す。誤飲を繰り返しますから十分に気をつけてくださいね」

私は驚いた。そうなの？　この5日間何も食べられず、つらかったり痛かったりして一番大変だったのはコウハイなのに。とてもつらそうだったのに。猫って、学習しないの？　懲りないのかな？　解せない私に先生は言う。

「猫の記憶には、楽しいことだけが鮮明に残ります。コウハイちゃんには、梅干しの種（とは思っていないはずだけど）を転がして遊んだなー。いろんなところに転がっておもしろかったなー、という記憶だけが残るんです。楽しかったあとに、痛くなって大変なことになった、入院して手術したということはすっかり忘れてしまうんですよ。だから、またどこかで梅干しの種を見つけたら〝あ、これ、おもしろいやつだ！〟と思い出して、喜んで遊びます。猫は、うれしかったことしか覚えていないんです。猫とは、そういう生き物なんですよ」

先生の言葉に驚き、と同時に私は心を射抜かれた。猫って、なんてすばらしいの！　嫌なことは忘れて、楽しいことだけを記憶に残して生きているだなんて！　そうなのかそうなのか。ということは、コウハイの記憶には、子猫の頃の「公園に捨てられて寒かった」とか、「体調が悪くなって死にかけた」という体験は、「助けてもらって毛布に包んでもらって暖かかった」とか、「一晩中マッサージしてもらって気持ちよかったニャー」というハッピーに自動変換され置き換えられているということか。ニャンとすごいなぁ。猫って、楽しいことだけを思い出にして生きている。

そんなことをうっとり考えてる私の顔を、先生は心配そうにのぞき込み念を押す。

「ですから、飼い主さんが本当に十分注意してあげてくださいね。モノを出しっ放しにしないとかゴミ箱にフタをするとか、もう一度家の中の環境をチェックし、整えてくださいね。それから、また万が一に備えて保険のことを考えるとか」

はは い〜っ、もう本当の本当に気をつけます。これ以上、コウハイの身体も私のお財布も痛まぬように。

5日ぶりに家に戻ってきたコウハイは、手術後と同じく傷口を覆える包帯のような服(服のような包帯？)を着て、エリザベスカラーも装着。痛々しく見えるけれど、本猫はさほどでもないよう。こちらとしては「これでは元気に動けないねー」と気遣うが、キャリーバッグをリビングの床に下ろすと、コウハイはゆっくりゆっくり歩き出した。そして、じっくりと時間をかけてていねいに家中をパトロールしたのち、センパイのベッドで寝てしまった。そしてこんこんと眠り続けた。家に戻ることができて安心したのかな。やっぱり不安で緊張していたんだね。眠っている横顔が少しオトナっぽく見える。

自分のベッドではなくセンパイのベッドで寝た、というのがちゃっかりもののコウハイらしい。センパイも「ま、まぁ今日だけはコウちゃんに貸してあげます」と譲る。

「コウちゃん、いつもいたずらばかりでうるさいけれど、いないと少し寂しかった」なんて思ってくれてる？　退院後のコウハイは、センパイに甘えるようにべったり。コウハイが体調を崩してからの数週間、様子が違うコウハイをそっと見守っていたセンパイ。そのまなざしは静かで深くやさしく、我が家ではセンチンゲールと呼ばれていた。

新聞記事でつながり犬の親戚できました

「センパイちゃんは、うちの犬の妹ではないでしょうか？」というファックスが新聞社に届いた。朝日新聞の人気連載「かぞくの肖像」にオットとセンパイが出た直後の出来事。担当してくれた記者さんも「こんなことははじめてです」と驚いた。

センパイは3匹（オス2、メス1）で生まれてきた。私がセンパイと出会ったのは、2005年の秋。当時、伊豆にあった「ドッグフォレスト」という施設でのこと。「生後2週間の豆柴がいますよ」と促され、「わぁ、会いたいです！」と軽い気持ちで答えた。

バックヤードから連れてこられたのは、2匹の豆柴兄妹（オスの1匹は母犬のもとに残されることが決まっていた）。むっくむくの子犬、どちらもまだ手のひらサイズ。抱かせてもらうとその愛らしさで全身がこそばゆくなり、一瞬で恋に落ちた。2匹のどちらかを選ぶなんて酷な話だったが、メスのほうがひとまわり小さくて「マンション住まいには向いているかも」と、メスを引き取ることに決めたという経緯。あのときにいたオス豆ちゃんの飼い主となった方が、偶然、記事を読んでファックスをくださったのだ。

ドッグフォレストには「生後3ヶ月は母犬から子犬を引き離さない」という理念があった。それは「母子犬が共に過ごす中で、犬社会について自然に学び、甘えることで情緒が安定する」から。だから、センパイはうちに来るまで、お兄ちゃん犬と暮らしていたのだ。ふたつのぬいぐるみが転がるように、いつもあとをついて遊んでいたらしい。

寝るときも一緒に寝ていたが、それぞれの引き取り宅へ行く日が近づいてからは、1匹ずつで眠る練習をした。しかし、センパイはお兄ちゃんと離れたことが心細くて寂しくて体調を崩したりもしたそうだ。

センパイ、お兄ちゃんのこと覚えてる？　もう忘れちゃっているかなぁ。お兄ちゃんが大好きだったのだから、センパイもきっと会いたいよね。

ファックスには「私の家にはオスの豆柴がいます。センパイちゃんと同じ年齢、生まれた月も一緒。出会ったのも同じ、伊豆にあったドッグフォレストでした」と書いてある。そして「センパイちゃんは、我が家の愛犬・麻呂にそっくりです！」とも。

「そっくりなのかぁ」「センパイにそっくりのオスがいるんだねぇ。麻呂くんっていう名前なんだね」、オットと私は何度もそう言って、甘くときめいた。「センパイと同胎の犬がいる」そのことがこんなにもうれしいだなんて、我ながら驚く。

その後、新聞社から教えてもらい先方に連絡してみると、やはり麻呂くんとセンパイは兄妹だという確信が持てた。メールにはこうあった。「あの日、新聞を読んでいた主人が、写真を見て〝あ、麻呂だ！〟と叫んだのです。それくらいセンパイちゃんと麻呂は似ています」

そうか、そうなのか。そんなに似ているんだなぁ。想像しただけでもたまらない。会いたいなぁ。会ってみたいなぁ！

連絡を取り合ううちに、近いところにお住まいとわかり「ランチでもしませんか」と申し出ると、お兄ちゃん犬・麻呂くんのご家族も喜んでくださった。いよいよ会える。

ある晴れた土曜日、予約しておいたカフェにオットと私、センパイで入っていくと、「まぁ！」なんとも神々しい柴犬が1匹。「麻呂くん？」「そうです！　センパイちゃんですね。お会いしたかったです！」と、私たち飼い主は、犬の気持ちになって会話した。麻呂くんは、ご主人と奥さまの2人と1匹暮らし。離れて暮らすご子息の家族がときどき遊びに来るそうだ。みんなにかわいがられていることは麻呂くんを見ればわかる。愛されているという安心感が明るくて穏やかなオーラとなり、落ち着いている。おっとりやさしいジェントルワンだ。柴犬にしてはまあるい目、マズルは長いけど横幅がある輪郭……、麻呂くんとセンパイは本当にそっくり。「ちょっとぼんやりしている」「犬より人が好き」「散歩より昼寝が好き」「食いしん坊」などなど、性格的な共通点もいっぱい。柴犬なのに精悍《せいかん》さはあまりなく、おっとりした雰囲気もそのまま同じ。

当の犬たちは、「ん?」「んんん?」何やら知ってるような〜、でも全然知らないような〜という感じ。しかし、初対面の犬となかなか仲良くできないセンパイなのに、麻呂くんには興味があるようで「ねえ、遊ぶ?」「遊ぼ!」と誘ってみたり。「あたちのお兄ちゃん!」とわかってはいないと思う。けど何か、他の犬とは違う親しい感情を持ったように見えた。

じゃれ合ったりはしないけど、お互いに興味はあって、離れていてもチラッ、チラッと横目で見たりして、一緒にいられることがうれしそう。

年齢や暮らす環境が違うのに、麻呂くんの飼い主さんと私たちも近しい感じ。不思議なもので初対面な感じもせずに、すぐに打ち解けた。犬の話で盛り上がり、すっかり親戚のような気分。犬たちも、そんな私たちの雰囲気を感じとったのか、テーブルの下でリラックス。心温まる楽しいランチとなった。犬の親戚できました。

犬は、ちゃんと聞いてる、わかってる

声優の恒松あゆみさんが、カフェ・ミグノンにて開催している『おはなし会』にセンパイと出かけた。ピアノの伴奏に合わせて朗読したり、歌ったりしてくれる。会場の準備や入場の受け付けも、「お席がない方はいらっしゃらないですか？」なんて聞いてくれるのもオール恒松あゆみさんの、ファンにはたまらない小さなチャリティ会だ。恒松さんは、数年前にオットが構成・文を手がけた絵本『どうして？　犬を愛するすべての人へ』（アスペクト）を折にふれて朗読してくださっていて、「今回も読みます！」というお知らせをいただき、楽しみにしていた。『どうして？』はイギリスの童話作家・ジム・ウィリスさんが書いた、捨て犬問題を扱った絵本。かつて、あんなに仲良しで楽しかった私たち（飼い主と犬）なのに、結婚をし仕事が忙しくなるにつれて、心がどんどん離れてしまって……という内容で、犬から飼い主に宛てられた手紙の形式をとったお話。イラストレーターの木内達朗さんのやわらかな絵がすてきな1冊（ちなみに木内さんも柴犬・チャイと暮らす愛犬家です）。

センパイは、カフェのイベントなどに参加するのは得意で、私の足元や膝の上で寝たり起きたりしながら過ごす。『おはなし会』でも、そんなふうにしていたけれど、『どうして？』の朗読が佳境になり、だんだんシリアスな内容になってきたとき、センパイがむくっと起き上がった。「ただならぬ！」という顔をして、ソワソワと私や周囲を見渡した。そして、座ってじっと恒松さんの声に耳を澄まし、見つめるようにしていた。

心のこもった朗読だったからこそだけど、私は「センパイは内容がわかっている」と確信した。だからあんなふうに動揺したんだと思う。私は連れてきたことを少し後悔して、それからは耳を塞いでおいた（とはいえ、立派な立ち耳にはちゃんと届いていたと思う）。

犬は聞いてますよ。わかっていますよ。犬は言葉を理解できないと言われているけど、人の心の動きやその場の雰囲気は、的確に感受していると思う。

センパイ、今までごめんなさい。これからは気をつける。センパイのいるところで「最近太ってきた」とか「散歩をサボろうとしてずるい」とか「いやしい」なんて、もう言わないよ。「来週の出張、センパイのことどうしよう」なんて、困ったようにもしない。けっこう耳ざわりなことを言ってるのに、変わらない態度で私に向き合ってくれてありがとう。犬の偉大さを知ると、自分の未熟さを恥じ入るばかりなり。

ライフ イズ ワンダフル

この夏、東北を旅した途中で山形在住の幼なじみに会った。幼稚園から中学までを一緒に過ごした彼と、ちゃんと会うのは30年ぶり。なのに、「ひさしぶり〜！」なんて軽い感じの再会。子どもの頃の11年間、同じ環境で育ったからか、会っていなかった年月は一気に吹き飛び、夏休み明けの朝に教室で顔を合わせたような「ひさしぶり！」。なんだか自分でも不思議だった。

ひとしきり近況を報告しあって、ふと彼が携帯で見せてくれたのは、1匹の犬の写真。まだ若く見える、素朴で繊細そうな瞳をした茶色い犬。彼の愛犬、名前はタリー。

「交通事故で死んじゃって……」って。つい数年前のことなのだと思う。

印象に残るのは、タリーのこちらをまっすぐ見つめる那智黒あめのような目。カメラのうしろにいる飼い主を一途に思っているのがわかる。「お互いに信頼しあって、穏やかで楽しい時間を過ごしていたんだなぁ」という感じだ。彼とタリーが並んでいる姿が自然に想像できて、お似合いのふたり（ひとり＋1匹）だったに違いない。

「新しい犬は迎えないの？」と聞くと、「うん。まだ」と短い返事。相棒を亡くした大きな悲しみが、心の底に深く静かに横たわっているのを感じた。

彼の気持ちを察しながら、センパイとコウハイのことを思わずにはいられなかった。突然センコウがいなくなったら、私はどうなってしまうかな。気持ちのいい朝に散歩をしても、センパイと一緒じゃなかったら、右隣がスースーしてきっとうまく歩けない。睡眠中に寝ぼけて動かすセンパイの前脚。風の通り道が好きで、風に吹かれながら物思いに耽るコウハイの横顔、ピンクの鼻先……。もう、ずっとずっと見ていたい。

幼なじみと別れてから、タリーの話をもっとじっくり聞けばよかったと後悔した。思い上がりかもしれないけれど、話をすることで少しでも気持ちの整理ができて、慰められたかも。あぁ、でも、いろいろな思いを蘇《よみがえ》らせて、よけい悲しくしちゃったかな。こういうことに私はいつも不器用で、気の利いた言葉もかけられなかった。

でもいつか、彼がまた犬と暮らしてくれたらいいな。だって、ライフ イズ ワンダフル！　その喜びを知ってしまったら、もう忘れることはできないでしょう？　タリーとの楽しかった日々を悲しみのベールに包み、しまい込むのはもったいないよ。幼なじみとしては「行こうぜ、ピリオドの向こうへ！」という気持ち（氣志團の曲にそんなフレーズがあるんです）。

「いつかそのうち、震災犬を引き取ってみない？」なんて、提案してみようかな……。帰り道、おせっかいな同級生はそう思ったのでした。タリーとの経験を活かして、彼なら犬をしあわせにできる。きっとタリーも喜んでくれるよ。我ながらグッドアイディアじゃない？

センパイと神社猫のこと

センパイの散歩は朝夕毎日2回。朝はオットが担当し、夕方は私が行く。よほどのことがない限りセンパイは乗り気ではなく「あ。行く……、の？」と、まるで付き合いでついてきているかのようだ。「ちょっとー、誰の散歩よ？」という気分にならないでもないが、運動不足気味のセンパイには歩いてほしいので「散歩行こう〜！　今日は誰に会えるかな〜！」と気分を盛り上げながら連れ出す。

　センパイが散歩に行きそうな気配を察知すると、コウハイは玄関で「あ〜、行くんだニャ〜」とお見送り。「別に一緒に行きたいわけでもニャいが、センパイが出かけるのがちょっと寂しい」のかな。センパイは、コウハイをチラッと見て、その一瞬だけ「あたち、ゆっちゃんとお出かけしてくるの！」と優越感オーラを醸し出す。

　散歩のとき、神社を通る。小さいけれど参拝する人も多く、地元で愛されている神社だ。その境内にいつの頃からか猫が姿を現すようになった。ある日、散歩途中にお参りに行くと、近くまでやって来て「ニャ〜！」と声をかけてきた。「あらら、にゃんこちゃん、どこから来たの？」そう話しかけてみるが、猫は何も答えずセンパイのことが気になる様子。

　近くを歩いているおばあさんに訊ねたら、「ここ（神社）に住んでいるみたいよ。そうねぇ、見かけるようになって1年は経つわね。寂しいんじゃないかしら、この子、前はカラスと遊んでいたわよ」。おとなしそうだけど「野良猫は用心深いから触らせてくれないかな」そう思いながらも恐る恐る手を伸ばしたら、背中を差し出しまんざらでもなさそうにしている。おぉ、大丈夫そう。そーっと触ってみると、うれしそうだ。やっぱりひとりで寂しいのかな。

しかし、野良とは思えない肉付きをしている。毛並みも悪くない。それからというもの、センパイと私（オットのときも）が神社の前を通ると猫は「ニャ～！」と呼びかけてくるようになった。あるときは、うしろから追いかけるように小走りで「待って～！」。またあるときは、神社の前の塀の上から「待ってたよ～！」。

どこからともなく現れては、センパイに近づき、ゴロンとなって、おなかを見せる。私が撫でてやるとくねくね身体を動かし喉をゴロゴロ鳴らす。

散歩中に会う犬友だちに聞いてみると、この猫には食べ物を運んできてくれるパトロンが数人いるらしい。毎朝、散歩途中に立ち寄り、決まった場所にキャットフードを置いていってくれるおじさん。夕方、仕事帰りにカリカリを手から食べさせてくれるおねえさん。ほか、私たちみたいに犬の散歩途中に、声をかけたり撫でたりしてかわいがる人々……。こういう猫のことは「野良猫」ではなくて「地域猫」というのだろうか。

「ニャー!」と呼び止め、「ねぇねぇ、ちょっと遊んでよー」と神社に誘う地域猫。「これからどこ行くのー?」としばらくうしろをついてくることもある。こんなに打ち解けられるとは思ってもみなかった。センパイもこの猫の境遇を知っているのか、それなりに我慢強く付き合っている。

酷暑が続くと「あの猫はどうしているのかなぁ」と考え、豪雨には神社の境内でひとり雨宿りをしている姿を思い浮かべる。いっそのこと、我が家の猫にしてしまおうか……。でも、私たち以外にもあの猫をかわいがっている人たちがいるしなぁ……。かわいがっている人たちの中でリーダーを決めるというのはどうだろう……。私の気持ちも揺れる。

散歩中、歩きながらセンパイに聞いてみた。

「ねぇ、センパイ。うちに猫がもう1匹増えたらどうする?」

私の声にセンパイは目もくれず、「そそそんなこと……! 多くは語らぬが察してくだされ」(センパイの心の声、私の中でなぜか武士っぽく変換されました)。うーむ、うちの猫に迎えるのはやっぱり無理かなぁ。コウハイとはどうだろう。

センパイは、神社の猫に付き合ってひとしきり遊び「ふぅ、猫の相手も楽じゃないわ〜ん」と思いつつ、家に帰ってみたら、今度はコウハイが待ち構えていて「ねえたん、おかえりニャす〜！　どこ行ってきた〜」と飛びつかれ、匂いを嗅がれては「ん？　ねえたん、あやしいニオイがするニャ？」と探られている。猫に好かれるのもつらいね、センパイ！

神社猫のしあわせ独り立ち

平日の昼間。ひとりで近所を歩いていたら「ニャ〜！」と呼び止められた。振り向くと、そこにいたのはセンパイの散歩で会う、神社にいる猫。

「あれー、にゃんこちゃん。最近はこっちのほうまで出張しているの？」いつものようにしゃがんで手を差し伸べてみたが、猫はしばらく私を見つめてから、何かを思い出したように、そのまま知らない家の塀の奥に入ってしまった。いつもなら、おなかを出してゴロゴロと喉を鳴らすのに。

その猫は、野良猫だというのに陽気で無防備。オットにもセンパイにもなついていて、散歩の途中に神社に立ち寄ると、どこからともなく現れる。頭を撫でると目を細めて気持ちよさそうにして「こっちもお願い」と背中を見せて催促。センパイとも遊びたがって、よく神社近くの公園にまでついてきていた。

たっぷりとした体形を見ると食べるものには困っていないようだ。たぶんメスで、ふれ合うようになって2年は経つけど、子どもを産んだ様子もないので不妊手術をしてもらっているのではないかとも思う。誰かに飼われていたのかもしれない。

知り合った頃、猫はたぶん1歳未満（子猫という感じではなかったけれど）。とにかく遊び相手が欲しかったようで、神社に行くと「待ってたよう」と現れて、帰ろうとすると自分がついてこられる角の駐車場のところまで並走。そして駐車場の端に佇み、私とセンパイが見えなくなるまでずっと見送ってくれていた。

夕日が射し込む路地で、名残惜しそうに私たちを見ている小さな姿に、何度、猫さらいになろうと思ったことか。

また、ある日。駅からの帰り道に、神社の猫が青い屋根の家の門を出て、細い道を横切り、白い木造の家に入っていくのを見た。私は「あ、あの子。へぇ～、結構自由こ度り歩いているんだなぁ！」と感心した。

その頃からだ。私たちが神社に行っても、出てはくるもののあまり遊ぼうとはしなくなったのは。なんとなく余裕があるというか、前よりちょっと距離をおいて、落ち着いているように見える。

「覚悟を決めたんだな……」と思った。以前は寂しくて寂しくて、誰かと一緒にいたいと思って人のあとをついて歩いていた猫も、大人になって「わたし、ひとりで生きていくことにしたわ」と覚悟を決めた。雨の朝にも風吹く夜にも慣れて、行動範囲も広がり、生きていく自信が出てきたのかもしれない。そんな一人（猫）前の顔つきになっていた。

それからは、近くで会うと「ニャー！」とあいさつをしてくれる、顔見知りの近所の住人ならぬ住猫。私としては相変わらず世話を焼きたくて「どう？　ちゃんと食べてる？」なんて声をかけてみるけど、にゃんこはつれニャい。境内で遊んで帰るときも「じゃ、またね」と言うと、「うん、バイバイ！」と踵《きびす》を返す。外での暮らしは大変だろうに。

人恋しげにあとを追われて気持ちが乱れるよりは、まし。何かのタイミングで私のほうが先に覚悟を決めて、神社猫をうちに迎えていたら、今頃どうなっていただろうか。

今朝も神社の鳥居の前で、くーーっと背筋を伸ばして凜。神社猫の独り立ち、頼もしくも少し寂しい春だ。

センコウの気持ちが知りたくて

私が所属する「FreePets～ペットと呼ばれる動物たちの生命を考える会」のイベントで、ハワイ在住のアニマルコミュニケーター・アネラさんにお会いした。アニマルコミュニケーターとは、動物たちと言葉なき会話を交わし、彼らが言いたいことを私たちに伝えてくれる人。ご本人曰く「人と動物の通訳と思っていただくのが一番わかりやすいかな」。

イベントは、ペットの健康や問題行動について専門家にアドバイスをもらう相談会。アネラさんのほかにメンタルドッグコーチの中西典子さんや獣医師の箱崎加奈子さんも来てくださった。私も中西さんに「センパイが、あまり散歩が好きじゃないみたいで」と相談をした（この話はまたいつか）。でもその日、朝から予約がびっしりで誰よりも忙しかったのは、アネラさん。愛犬の気持ちを知りたいと、彼女のもとへ次々と人がやってくる。

動物たちの言いたいことはさまざま。アネラさんとのセッションを終え、部屋から出てきた人が報告してくれた犬たちの主張は「最近気に入ってるおやつがある。それはきらさないでほしい」「ジャーキーをくれるとき、食べやすいように小さく裂いてからちょうだい」「僕にかぶりものをして、みんなで笑わないでくれ」。飼い主たちは思い当たるフシがあるらしく「あぁ、うちの子が言いそうなことだ」と納得しては一喜一憂。

一番印象に残ったのは、最近、劣悪なブリーダーのところから救出され保護された犬がアネラさんに伝えた言葉。「今の家に来て、ピンクのベッドを買ってもらってすごくうれしかった。毎日そこで眠れるのがうれしい。だって、自分のベッドをもらったのは生まれてはじめてのことだから」私たちまでもらい泣きした。

イベント終了後、その日は慌ただしく解散となったが、アネラさんとはメールのやりとりが続いている。その中で疑問に思っていたことを訊ねた。「あのイベントのとき〝ピンクのベッド〟って言ってた犬がいたけど、犬って色の認識あるの？」彼女の答えはこう。「犬ってモノクロで見えてると言われているけど、〝赤い服が欲しい〟とか、具体的な色で訴えてくる子も多いです。好きな色を持ってる犬もいますよ」

アネラさんは、アニマルコミュニケートの勉強をしたわけではない。ハワイアン・ヒュメイン・ソサエティーという動物のシェルターで、犬たちにレイキトリートメント（エネルギーのバランスを整える気功のようなこと）のボランティアをしていたとき「その犬がどのような事情でここに来ることになったか、今どんな気持ちでいるか」を、なんとなく感じられることに気づいたのだそうだ。

「言葉で説明するのは本当に難しいんですが、〝最近どう？　元気？〟なんて心の中で話しかけながら施術するんです。そんなときに犬から〝今もパパが迎えに来てくれたらうれしいけど、ここも結構気に入ってるよ〟なんて答えが返ってきたり。ごく自然に、気づいたときにはわかるようになっていた、って感じなんですよ」とアネラさん。

彼女の話は続きます。「ある日出勤したら、犬たちがあまりにも落ち着かなくて騒がしくて、犬たちに思わず聞いたんです〝一体どうしたの？〟って。そしたら〝さっき連れてこられた犬が、病気で酷そうだからなんとかしてあげて！〟って言うんですよ。そこで、担当の人に確認したら、今朝、重病を抱えた犬が保護されたって。そして〝そのことをどうしてあなたが知ってるの？〟と逆に質問されたので、〝犬たちが教えてくれたんです〟って答えたんですよ（笑）」

そんなことが度々あって、動物たちが言っていることを感じられると意識したアネラさん。でもそのことに一番驚いて戸惑ったのはアネラさんご自身で、相当不思議な気分だったそう。「私の言うことを、馬鹿にせずにちゃんと受け止めて、事実を確認してくれたりした周囲の人たちにも感謝です」そんな話が、アネラさんの著書『犬の気持ち、通訳します。』（東邦出版）に書かれています。

彼女はこんなことも言う。「アニマルコミュニケーションは、特別な能力ではなくて、本来、誰もが持っているものなんですよ」

そ、そう？　誰もが？　私にも？　たしかに飼い主は愛犬が言っていることを、だいたいは理解できると思う。ごはんのあとに、私が「おいしかった？」と聞くとセンパイは舌をペロッと出す（不二家のペコちゃんのように）。これは「おいしかったよ！」って言ってるし、腰を下げて前脚をバタバタするのは「ボールしよう！」と誘う合図。あ、でもこれはボディランゲージ？　ともあれ「遊びたいの？」とか「何か食べたいのね」（センパイはこの欲求が98％）はわかる。あとはその犬や猫が今「快」か「不快」かは感じられるかな。科学的な根拠もないし答え合わせができないことだから確信は持てない。でも、感じる……。

そう考えてみると、持つべきは相手への敬意、受け入れようとする柔らかい心。直感を素直に信じることがアニマルコミュニケーションを可能にするのかもしれない。まずは、周囲のことや自分の都合を取り払い、動物と素直な心で向き合う練習をしてみよう。

センパイとコウハイもいつかアネラさんにお会いして通訳をしてもらえる機会があるかな。楽しみだなぁ！　あ、でも「ゆっちゃんは、朝、なかなか起きてこないのよ」「うちには他人には見せられない汚部屋があって、探検しがいがあるニャ」なんて言われるかも。それもまたよし。センパイの気持ち、コウハイの気持ち、知りたい感じたい。そしてもっと仲良くなりたい。

■アネラさんの近著は『犬の通訳士　彼らとエネルギーで繋がる方法』（ごま書房新社／刊）

■FreePets は、「ペットと呼ばれる動物の命や幸せに責任を持つのが当たり前」という空気を世の中に広げていきたいという目標を持って活動している一般社団法人です。

目の上のコブ？　目の下のポチッ

センパイとの散歩の途中で寄る広場がある。ここを一周しながら、センパイは友だち犬からの手紙（匂い）を読んで、自分の返事を印《しる》す。

3月に入ったある日、センパイが広場からなかなか帰ろうとしなかった。我が家にとって、それは春を告げること。吹く風は冷たいけれど、日射しの中にぬくもりを感じられるようになると、センパイは広場や公園でだらだらだらだら過ごしたがる。「もう、帰ろうよ」と言っても、ぐいと4つの脚を踏ん張り「いや、まだもうちょっと」と主張するよう。

「春がもうすぐ来るんだな」そう思いながら、綱引き（リード引き？）をしていたとき、西日に照らされたセンパイの顔に、私は見かけぬ陰影を見つけた。「ん？」気になったけれど、被毛の流れか日光の加減でそう見えたのかも。

家に帰って、「あぁ、そういえば」とセンパイの顔を確認すると、右目の下にポチッと小さなできものができていた。「あれれ、センパイ、またポチッができたよー。早く引っ込めてね」

実はこれで3回目。以前にも同じようなものができたことがあったのだ。最初は1年半ほど前におでこにできた。慌てて病院に行くと、先生は「まだ小さいので、様子を見ましょう。大きくなるようだったらまた来てください」。私があまりに不安そうにしていたのか「飼い主が気にしすぎると、犬も気になってしまいます。触りすぎるのもだめですよ」と付け加えた。心配したが、それから5日くらいしたらできものは跡形もなく消えていて、我が家では歓喜の踊りをみんなで踊った。

2回目は半年前で、その場所は後ろ右脚の上。1回目のポチッは小さくて硬質な感じのものだったか、今度のは前より大きくてふんにゃりと盛り上がっていて瘤《こぶ》のよう。また慌てて病院へ馳せ参じると、先生は前回と同じことを言った。そしてやっぱり5日くらいしたら瘤は消滅。歓喜の踊り、踊ったかどうかは忘れてしまった。

そして今回。素人目には1回目のポチッに似た感触のものだった。「病院へ行ってもまた同じこと言われるな。これもきっと消えてくれるよね……」そうおっとり構えていたら、ズンズンズン！　とポチッが急成長。あれれ、これは大変だ！

いつもの動物病院で診てもらうと、先生曰く「短期間で大きくなってる、というのが気になりますね。目のすぐ下なので、良性か悪性かを判断する検査をするにしても麻酔をかけます。検査をして手術が必要となった場合に、もう一度麻酔をして……、ということを考えると、小さいうちに切除手術をするという決断もありますよ。麻酔が一度で済むし、今なら手術の痕も小さくて済みます。来週まで様子を見て、小さくならないようなら、考えましょう」。

病院から帰るとコウハイが迎えてくれた。彼はセンパイの変化に気づいているのか。勘が鋭いから「あれれ、センねえたんのお顔に、へんなのできた……」とわかっているかな。でも天才的に空気を読むので、あえて騒ぎ立てることはせず、盗み食いをしたり棚からモノを落としたりの通常営業。でもそれが、心配でつい重たい心持ちになる私を和ませてくれた。「〝病は気から〟って言うニャんか〜！」と、励ましてくれているみたい。「どお？　センパイ、痛い？」センパイの顔を覗く私を、コウハイがキッと睨《にら》む。「先回りして、あれこれ心配すんニャー！」と言っている？　コウハイは、どんよりしがちな空気を明るく盛り上げてくれた。

私は、知人の獣医さんや犬飼いの先輩にアドバイスをもらいながら悩んだ。オットとも話し合い「人間にしたら、目の下に1センチ大の何ものかができたということ。あれこれ気にしつつそのままにしているなら、切ってしまったほうが、センパイも私たちもすっきりするのではないか」と気持ちは傾いていった。

センパイは気にしている様子はなく、痛くも痒《かゆ》くもなさそうなのが救い。しかし「小さくなれ〜」の念力届かず、ポチッはその後も成長。再診までに0・1ミリも小さくなることはなかった。

センパイがいない夜、コウハイの動揺

センパイの目の下のポチッ。見たり触ったりしたいのをぐっと我慢して再診の日を待ったが、ポチッは小さくなるどころか大きくなっているように見えた。

手術をするかしないか、結局決断するしかないのだった。仮に腫瘍が良性だったと

しても、このまま大きくなってから切除するのも大変。気になったまま、ずるずると悩んでいることが、犬にも人にも一番良くないことに思えた。ならば切ってしまおうか、今。いま……？

東進ハイスクール・林修先生よろしく「今でしょ！」と、決断の神が降臨。「小さくなっていないのなら、手術をお願いします」私には珍しいくらいのキッパリ。

3日後、午前中にセンパイを病院に連れていき、手術となった。そして、そのまま翌日の夕方過ぎまで入院の予定。

ということは、今日はコウハイがひとりだなぁ。ひとり天下でさぞや伸び伸びと大暴れするのかな。それとも甘えん坊になってくっついてくるのかなぁ……。帰宅した私を迎えてくれたコウハイは、「あれれれ？」と玄関に固まったまま私の顔を見上げている。

「ねえねえ。センねえたん、どこに忘れてきたの？」そう言ってるみたい。「コウちゃん。センちゃんはね、今日は帰ってこないんだよ。病院にお泊まりなの……」そう報告したら、コウハイは明らかに気落ちした様子。理解しているのか。

それからコウハイは、センパイを捜すでもなく、私たちに「ねえたん、どこ？」と聞くのでもなく、ひとりぽつんと神妙にしていた。「センねえたんがいない、いないんだ」という事実を受け入れようと、自分の中でいろいろ考えているみたい。そして、考えも気持ちもまとまらず途方に暮れてる、という感じ。「1泊なんだし、少し大袈裟では？」と思うものの、本人（猫）は真剣。

日なたぼっこをしていても昼寝をしていても、いまひとつ覇気がない。ごはんを食べるのもいつもよりもゆっくり。「何をしていても張り合いがない」といった様子。

どうやらコウハイは、私が想像していたよりも深くセンパイのことを想っている。センパイがいないという不安や心配は計り知れず、でもそれを誰にも訴えずに、自分だけで耐えている。動揺を訴えると私たちが心配すると思っているのかもしれない。コウハイの思わぬ繊細な一面を見た。

術後、順調に回復したセンパイは、予定通り翌日の夜に退院。エリザベスカラーをぶんぶんいわせながら帰宅した。

出迎えたコウハイは、うれしそうにセンパイのうしろをついて歩く。

「ねぇ、ねぇ、どこ行ってたのー？」「痛いのー？　いや、別に心配しているわけじゃニャいんだけどさ」

療養中のセンパイには、プロレスを仕掛けることもせず、大きなベッドも譲り、気遣いながら見守り看護を続けた。この時期、センパイとコウハイは、寄り添ってよくおしゃべりをしていた。「ボクが手術したときはねぇ……」手術ではコウハイのほうが先輩だから自分の体験談でも語って聞かせていたのかな。センパイは、術後約10日間のエリザベスカラー生活ののち、無事抜糸。あとは、毛がはえてくるのを待つばかり。来年の3月は、何事もありませんように……。

センコウ春の健康まつり

春は忙しい。動物と暮らしている人ならピンと来ると思うけれど、春になると狂犬病の注射やワクチンなど、犬や猫のことでやらねばならないことが集中するからです。毎年、3月の半ばを過ぎると区や動物病院からお知らせが届き「あぁ、今年もこの時期が来たか」と思うのでした。

本来なら4月中には犬や猫を病院に連れていき、狂犬病予防の注射をして、証明書と区の注射済票をもらうもの。しかし私は、生来のぼんやり。日々の雑事に追われ、ついついタイミングを逃してばかり。GWが終わりその余波も落ち着いた頃になって「せめて5月中には済ませなくちゃ〜」と慌てて病院へ駆け込むのが常。

今年、センパイを動物病院に連れていったのは、5月23日。いつもより長めの散歩のそのまた先にかかりつけの病院はある。センパイは「疑う」ということをまったく知らないので「へぇ〜、今日はこっちの道に行くの?」と歩き、「なんだかいつもより歩いてなあい?」なんて気づきはじめた頃、病院の前に到着。「あれれれ、ここだったのかー」とドアの前で立ち止まり少しだけ「だまされたわ」という顔をする。

病院でのセンパイは極めて優等生。顔なじみの先生にしっぽをブンブン振ってごあいさつ。診療台でうとうと寝てしまうほどリラックスしている。私がセンパイを撫でたり話しかけたりしている間に先生が注射を打ってくれるので、痛みや恐怖は感じていないようだ。

体重を計り、狂犬病のワクチンを打って、フィラリアの検査。陰性であることを確認してからフィラリアの予防薬とノミ予防・駆除薬をもらうのがワンセット。今年も異常なし。特筆すべきは体重が10グラム（!）減っていたこと。

「できれば5月の20日までにはフィラリアの薬を飲ませたり、ノミダニ駆除薬の投与をしたいです。そのことを少し頭に入れておいてくださいね」

　私のぼんやりを先生にやんわり諭された。

　そしてその足で区役所の出張所に行き「狂犬病ワクチン接種証明書」を提出し、注射済票をもらう。「お！」今年の済票、発行ナンバーが３０００番でした。特にこだわっているわけではないけど、キリのいい番号で明るい予感がするというか、なんとなくすがすがしく気持ちがよい。こうなると、来年も３０００番を狙おうかという気にもなるが、いやいや、来年はもっと早い時期に注射に来なければ（予定）。

　さて今年はコウハイのワクチンも4月の予定。しかし、これもまたお約束通り遅れて5月の下旬となった。洗濯ネットに入れるまで少々手こずるが、そのあとはコウハイも優等生。洗濯ネットコウハイを肩かけのスリングに入れて自転車で連れていく。ときどき「コウちゃ〜ん」「ニャ〜」と声をかけあい、お互いを確認。

　病院に着いて、待合室に犬がいても余裕。どんな大きな犬にも「うちにはセンねえたんがいるんだぞー」と洗濯ネットの奥でメンチを切っている。

　今回の診察は新しい先生だったのに「あ、コウハイちゃんですね。その後、誤飲の心配はないですか」と開口一番。「あぁ、院内で有名なんですね……」と私は心の中でうなだれた。以前、梅干しの種を飲み込んで大手術したことを新任の先生もちゃんと知っていた。

コウハイは診察台にいてもキョロキョロ、あちこちに興味を示す。先生は「ものすごく好奇心旺盛ですね」とニッコリ。「え！　猫って、どの子もこんな感じじゃないんですか」と私が聞くと、「猫もそれぞれです。でも、こんなにいろんなものに興味を示す子は珍しいですね」と先生。

注射のときでさえも喉をゴロゴロ鳴らしてご機嫌。口内を調べられても「ニャんなの〜？」とおっとり構えて、先生や看護師さんを感心させた。

そして「コウハイちゃん、健康ですね。体重4・5キロ。太りすぎではないけれど、これ以上太らせないほうがいいですよ」と釘を刺された。あぁ、ちょいデブ姉弟センコウ……。

コウハイのプチメタボを告げられ、これにて春の犬猫行事もやっと終了。胸のつかえもとれた。また来年ね。それまでセンコウ2匹とも元気で、病院通いをしなくてもすみますように。

新発見！　キノコに驚き、水に夢中

「はっ！　これは何だろう？」ある日突然気づくことがある。久しぶりに実家に帰ったときに「玄関に置いてある、あのへんな置物なあに？」そう母に訊ねると、「なに今頃言ってるの？　ずっと前からあったわよ」と言われた。幾度となく見ていたはずだが、意識の中で抜け落ちていたのだろうか。見ているようで見ていない。注意散漫といえばそれまでだけど、みなさんにも経験ありませんか。

そしてこれ、犬や猫にもあるんです。

センパイの場合。ある日、いつもの散歩道。いつものように公園を出てふたつ目の角を左に曲がろうとしたら、センパイが「わわっ！」と驚きあとずさり。目を見開いて「肝をつぶしました」という顔で私を見た。カエルが飛び出してきたわけでもなく、ヘビがいたのでもない。一体何が起きたのか、さっぱり意味がわからない。その角には寄せ植えのプランターが置かれていてハーブが繁り、端にキノコのオブジェ……。

もしかして、このキノコに驚いた？　キノコは、ずっとずっと前からここにあるのに、今気づいたの？　なんで今？　昨日まで気づかなかったことに今日気づく。

コウハイの場合。最近「水」というものに気がついた。もちろん飲み水は知っているけど「光る棒の先から水が流れ出す」ということに興味津々。家中を縦横無尽に飛び回るコウハイだが、水道や蛇口の発見に2年半の月日が費やされた。

「ニャにっ！」これもある日突然のことだった。トイレのタンク上部から何かがサラサラ流れているではないか。落ちる液体を遠くからじーっと眺め、注意深く近寄り、次第に手を出して味と匂いを探り「水」と知る。この「水」は、どこから来て、どこに行くのか。私たちがトイレに入るたびについてきては、熱心に研究を重ねる日々。

「ニャんと！」そしてまたある日、トイレの光る棒に似たものがキッチンにもあると気づく。ここのはトイレのより流れが強いので油断ができない。しかし、トイレとは違って自由に近づけるので、いつ流れ出してくるか見張りができる。研究がはかどる。

「ニャニャ、ニャんと！」浴室にもまた光る棒を発見！　こちらも勢いよく水が出る。だが気を引き締めろ、ここの水は熱い。しかも流れずに溜まる。この水溜まりに入ってしまったら大変なことになりそうだ。この平均台のような細い道（浴槽の端）を注意して歩かねば……。

コウハイは次々と鉱脈（？）を発見し、今も研究を怠らない。

ねぇ、センパイ。犬としてはもっと感覚を研ぎすまして散歩しなくちゃいけないんじゃない？「パトロールしてます」くらいの気構えとやる気で歩いてみない？

コウちゃん。研究熱心なのはいいけれど、身体中をびしょ濡れにして家中を走り回るのは勘弁してください。

ある日突然何かを発見する犬と猫、喜び怖がり学んでる。そして犬と猫の変化を発見する私。とても楽しい。

『クロワッサン』で、ねこごはん

「コウハイちゃんに出ていただきたいのですけど」

雑誌『クロワッサン』編集部から突然の連絡。「はぁ……。で、何をすればいいですか……？」「毎日のごはんについてなのですが、コウハイちゃんの食べているものについて、獣医さんからアドバイスをいただいて、新しいメニューの提案をするページにしたいのです」。コウハイと私でできるかな。でも、せっかくお声をかけていただいたことだし、コウハイに「どうする?」と聞いたら「おいしいごはんは好きニャ!」という顔をしたので、私は「ぜひやらせてください」と快諾した。

我が家にやってきたのは編集部の立石さんと、カメラマンの小松さん。そして獣医師で、『てづくり猫ごはん 健康と幸せな毎日のための簡単レシピ60』(大泉書店)という本を出版されている古山範子先生。「いつもはどんなごはんを与えているんですか?」など質問されつつ取材を受ける。

「家に来てから、非常時(コウハイが梅干しの種を飲み込んで開腹手術をしたこと)以外は、カリカリのドライフードです」

「なるほど。ドライは栄養もしっかり計算されていてよいのですが、水分不足になるのが心配ですね」と先生。そして体形チェックも「脚の筋肉はしっかりしていますね。あら、でも肋骨がちょっとわかりにくいようです。これは、カロリーを少し気にしたほうがいいですね」。

後日、キッチンスタジオでの撮影。スタジオまではバスケットに入れて電車で移動。

まさに「借りてきた猫」。とてもおとなしくいい子で運ばれていたコウハイだったが、スタジオにはおもしろそうなものがいっぱい……。「ここにいたらいいよ」そう言って大好きな毛布で居場所を作ってやったが、そこでおとなしくしているはずもなく、あちこち探検して、落ち着いたのは蒸し器や大きな鍋が入った棚の中。「お鍋がボクを守ってくれるのニャ！」結局そこがコウハイの楽屋となった。御大は出番まで楽屋で昼寝、その間に、私は先生に調理を指導していただく。先生が考案してくれたコウハイスペシャルは「タラの豆乳鍋」。

無事、料理もできあがり、さてコウハイの出番。さぞや張り切って？　と思いきや、おいしそうなごはんを目の前に、香りを嗅いで興味を示すも、なかなか食べようとしない。緊張しているの？　一体何を遠慮しちゃっているの。

撮影はセンパイほど順調にはいかなかったけれど、まあまあの出来。センパイが撮られていると「ボクのことも撮ってもいいニャよ～」と近づいてくるくせに、いざ自分が主役になると腰が引けて、コウハイは本番に弱いタイプだということがわかった。

「タラの豆乳鍋」は、その後も特別な日に作って、センパイも一緒に食べる。ビタミンやカルシウム、食物繊維も豊富。冬には身体を温める効果も。そして何といっても低カロリーなのが、ぽっちゃり姉弟センパイコウハイには最適だ。人も動物も食べることは生きること。食べたものがその人になり、その犬に、その猫になる。

「市販のフードは栄養のバランスも考慮され優れていますが、飼い主の愛情は入っていないんです」

先生の言葉を忘れずに、愛にあふれた食生活を目指そう。

〈コウハイスペシャル タラの豆乳鍋の作り方〉

生ダラ1切れ 半熟卵1／2個 にんじん1㎝幅1／2枚 白菜1／3枚 豆乳50cc

タラは茹でて、骨を除き身をほぐす。白菜とにんじんは軟らかくなるまで茹でてみじん切り。半熟卵はつぶす。タラの茹で汁で香りづけした豆乳をかける。好みでキャットニップをふりかけても。

■『クロワッサン』2012年／843号 特集「やっぱり、猫は不思議。」

「石黒由紀子さんが習う 猫の健康を考えた、手づくりごはん。」

センコウも飲む手作り酵素が夏の準備

知り合いの愛犬家たちの間で手作り酵素が流行っている。というか、酵素は酵素ジュースに酵素ダイエット、酵素パワー洗剤など、愛犬家たちに限らず世間一般に大人気だけれども。

我が家では家族みんなで酵素を愛飲、センパイもコウハイも飲んでいる。砂糖で仕込むのでカロリーのことなど多少気にもなったが、センパイには散歩から帰ってきたときの喉を潤すご褒美ジュースとして（相変わらず、ご褒美がないと散歩に積極的になれないセンパイなのでした）。コウハイはそのお相伴にあずかって飲む、棚からぼたジュースとしてスペシャルな1杯。酵素の原液を水で割って出すと、2匹とも喜んで飲む。

今から4〜5年前「酵素は動物にもいいらしい」と、周囲の犬好きたちの間で話題となり「酵素を与えるようになったら老犬の毛艶がよくなった」「闘病中の犬がぐっと元気になった」など、その噂はじわじわ広がった。酵素は上手に摂取すると代謝や免疫力が上がり、健康増進につながるそうだ。それは、人だけでなく犬や猫にも効果があるらしい。手に入れやすい材料で作るシンプルさ、水で薄めて飲んだり料理にも使えたりの用途の広さ、手軽さから愛好家が増えた。

私も「原材料を選び、自分で作るので安心してペットに与えられる」「人と動物が一緒に飲める」ということに心くすぐられ入門（?）。一度だけ酵素作りに慣れた友人に指導してもらいながら作り方を覚え、それからは自分で漬けている。

秋には、秋に収穫される野菜や木の実で、春には、春に芽吹く野草で、そして初夏には、梅の実を主原料とした梅酵素を作る。だから、スーパーに青梅やらっきょうが並ぶ頃になると妙にそわそわ。漬けないとなんだか落ち着かないようになってしまった。「犬や猫も健康維持と老化防止に水分は必要」と聞いて、ただ今我が家は水分摂取強化期間。特にセンパイはもともと水分をあまり摂らないほう。少しでも多く飲んでほしいから、ちょっと味をつけたり工夫をしている。酵素ジュースはその一環というわけですね。暑さを乗り切るための梅酵素漬けは、夏の準備のはじまりだ。

今回の仕込みは、梅4キロに、その他の季節の果物を1キロ。それらを5・5キロの白砂糖で漬ける。私はキッチンに立ち包丁を持ってひたすら切る。切る。切る。材料のすべてを繊維を断ち切るようにカット。すると足元にはセンパイが「何か落ちてきたとき、見逃さないようにしなくちゃ……」と待機。あぁ、その一生懸命な視線に私は弱い。熱烈な視線につい負けて、特別にいちごをおひとつどうぞ。

そして、シンクの中にはコウハイがスタンバイ。さすがに梅は食べられそうにないことを悟り「なんか今日はハズレかも……」と不満そうな顔で私を監視。コウハイはもともと果物には興味がないのだけれど「あ、これちょうだい！」、そう狙いをつけたのはトマト。野菜や果物など生のものはほどんど欲しがらない彼だけど、なぜかトマトだけは大好き。う〜ん、じゃあ、コウちゃんも特別にトマトをどうぞ。

材料を計ってから仕込むので、つまみ食いはほどほどにして、センコウに見守られながらの切って切って漬けて仕込む作業は2時間ほどで終わる。樽の中には約11キロの果物と砂糖のかたまり。じっくり寝かせて毎日朝晩2回の攪拌《かくはん》をして約1週間で梅酵素は完成。

センちゃんコウちゃん、この刻んだ梅と果物と砂糖が発酵して、いつも飲んでる酵素のジュースになるんだよ。「おいしくなってね」そう声をかけながらまぜませすると、酵素もどんどんよく発酵するそうなので、センちゃんもコウちゃんもいっぱい話しかけてね。みんなでこれを飲んで今年の夏も元気で過ごせますように。

夏のハッピータイムは並んで食べるかき氷

その年は梅雨明けが早く、7月初旬から夏も本番。我が家の毛皮たち、早くも夏に負けそうだった。

晴れた日には、床の日なたを追いかけながら昼寝をするセンパイ。毎日厳しい暑さが続くのに、目覚めると「ね、ベランダに出して?」と催促。「いやいやセンパイ、こんな日射しの強い中、ベランダで寝たら茹で上がっちゃうよ。病気になっちゃうからだめよ」そう言い聞かせるも、センパイはなかなか納得しない。「なんでそんなこと言うの?　あたち大丈夫なのに」

コウハイは風の通り道を見つけるのが上手で、涼しくて風通しのいい場所を見つけては行き倒れのような格好で寝る。暑さのせいか2匹ともよく寝ている。寝てばかり

動物愛護団体に保護されていた頃から「不思議ちゃん」と言われていたコウハイは、我が家に来てからも見えないものを見て、聞こえない声を聞いているフシが。「またはじまったのね」と見守るセンパイなのでした。

我が家に来て数週間後、体重は
800グラムほど。やる気まんまん。

ずっと一緒に
いてね。

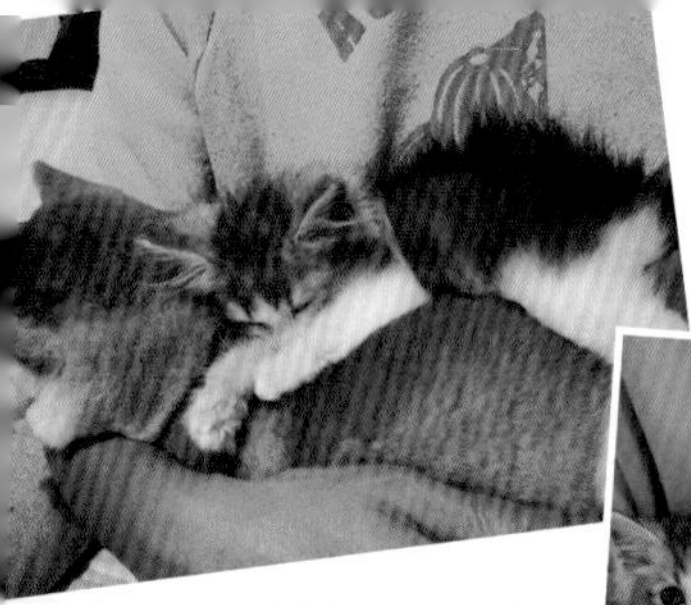

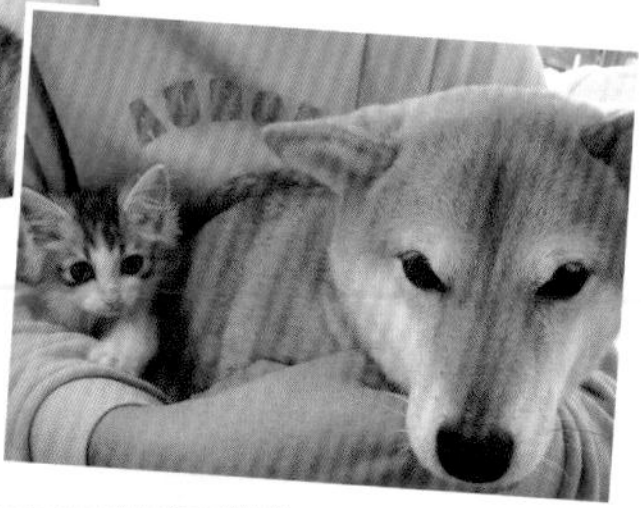

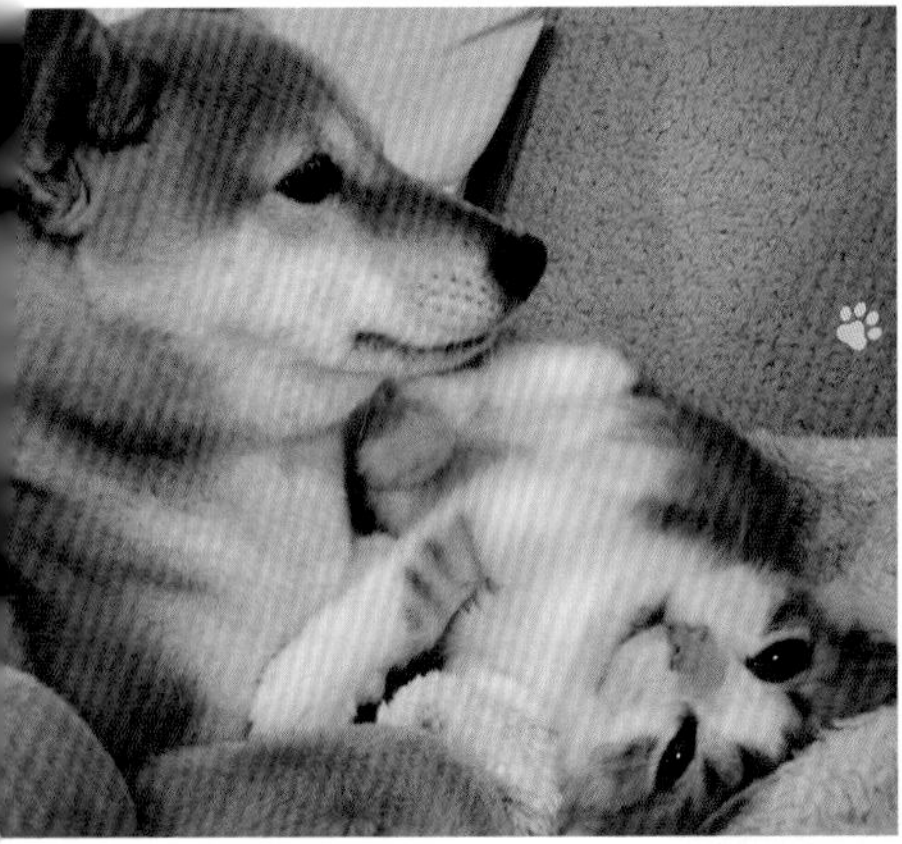

「にゃはー♡」。センパイに
くっついて満足ご機嫌。

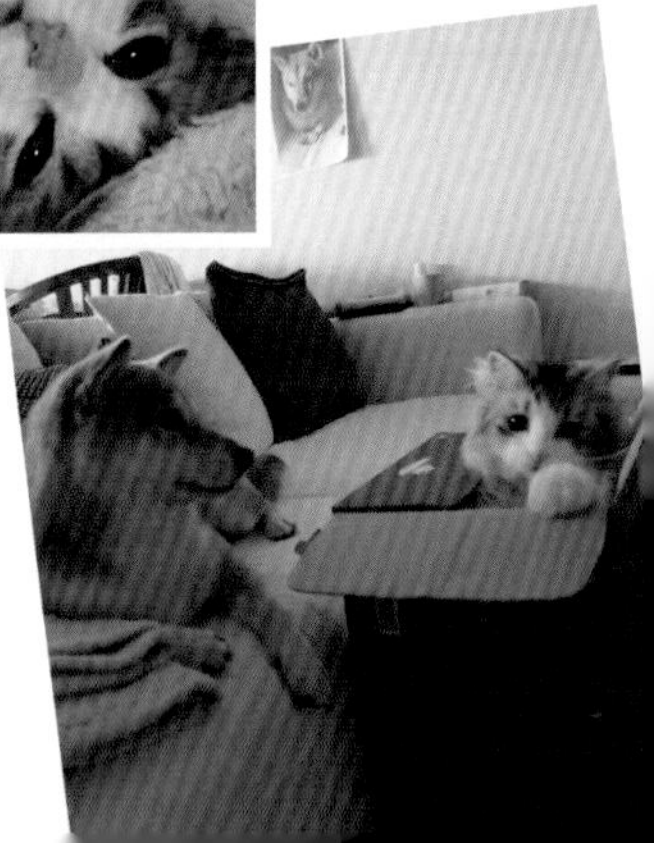

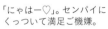

I ♡ ダンボール

やんちゃ全開少年猫にセンパイ無言(あきれてる)。

何を話しているのかな？ 寒い季節には特にくっついてふたりでまったり。

いる。

朝寝坊なのはコウハイ。夜遅くまで（むしろ夜遅くから深夜まで）バタバタと家中を走り回っているから寝起きが悪い。みんなが起きてしばらくしてから「起きたぞよ」とちょっと不機嫌な感じでのっしのっしとリビングに登場、しばらく壁に寄りかかり、ボーッとしていてエンジンがかかるまで時間がいる。

センパイはピッ！　と起きるけどまたすぐ眠たくなって、朝食後の二度寝がとても幸せそうだ。「食べて寝るってサイコーね。起きたら食べてまた寝たいわ」きっとそう思っていて、たぶん夢の中でも何かすてきなものを食べている。その証拠に、寝顔によだれが甚《はなは》だしい。センパイはリアル食事とエア食事を繰り返して一日が終わる。

この夏、我が家で大人気なのはかき氷。暑さと湿気で風景も滲む、ぼーっとした午後。私が「どっこいしょ」と重い腰を上げてキッチンへ行き、器を出し冷蔵庫を開けると、「お！　そろそろだニャ？」「あれが、あれがはじまるのね！」２匹がわらわらと足元にやって来る。しゃりしゃりとかかれた氷が器に積もる。息を飲みじっと見守るセンパイとコウハイ……。

氷の小山に、センパイはミルクか豆乳、あればフルーツ（細かくして）。コウハイはミルクのみ。センパイは「うは、待ってました！」と飛びかかり、しゃくしゃくしゃくと一気に食べる。最初はおっかなびっくりだったコウハイも今ではお気に入りの様子で、目を細めてじっくりと味わっている。

私はセンパイスタイルにジャムやアイスをプラスして食べる。「みんなで食べるとおいしいね！」そう話しかけても2匹は、氷だけを見つめてただ黙々と食べている。食べ終わると「あぁ、消えちゃった……」。いえいえ、消えたのではなく食べたのですよ。

かき氷のハッピータイムがはかなく終わり、私がパソコンに向かって仕事をしていると「すーすーすー」「ふがーふがーふがー」と二重唱が聞こえてくる。「ふがー」はコウハイ、鼻が悪いのかもしれない。

寒い季節には丸まって寝ていた2匹だけれど、季節の移り変わりと共に寝相も変わる。ベッドからはみ出して寝るようになると「あぁ、夏が近いんだなぁ」と思う。そして、夏の訪れとともに、我が家の名物となるのは「猫の開き」。仰向けに寝転び、両手をバンザイにしておなかを出して……。猫ってこんなに無防備に眠るものなのでしょうか。まぁ、心から安心している姿だと思うので、飼い主としてはうれしいけれど。

犬や猫が、無防備な姿で眠れるような、そんな環境を作りたかった。夏の暑さを借りて、その夢が叶っている。センパイやコウハイの、身も心も放り出して寝ている姿が愛おしい。酷暑はほどほどにしてほしいけど、センコウがおなかを出して寝ている姿を見ては「夏も悪くないな」と思う。

コウちゃん、サマーカットはどうでしょう？

先日、夕暮れどきに街を歩いていると、前方から奇妙な犬がやって来た。夕日に照らし出されたシルエットから、大型犬だということはわかるけど、シェ、シェパード……？　でもなさそうで、シベリアンハスキー？　にしては脚が長くて高床式風。飼い主は外国人の男性で、でっかい影がふたつ。のっしのっしと近づいてくる犬に、私の目は釘付け。「うぉ！」思わず声が出た。顔を見ると、おっとりとしたまあるい目、ふんにゃりと笑っているような口元……、それはまぎれもなく秋田犬だった。サマーカットされ、秋田犬にしては短すぎる被毛が違和感。たっぷりとしたボンレスハムを4本の柱が支え、その上に秋田犬らしい和風顔が載っている。「へぇ、（剃毛《ていもう》した）秋田犬の中身って、意外に脚が細くて長くてスタイリッシュなんだな」と新発見。

飼い主は、愛犬の密集した被毛を気の毒に思ったのかもしれない。梅雨明けすぐの酷暑に「湿気も多い日本の夏、これでは犬もつらかろう」と判断したのか。音もなく近づき通り過ぎていった1人と1匹を何度も振り返りながら見送った（あまりの衝撃に写真を撮らせてもらうのも忘れてた）。

実は、私も悩んでいた。「うちの毛皮たちも暑くてつらそうだ、ひとつサマーカットでもしてやろうか」と。

センパイは柴だから、換毛期にこれでもかというほど毛が抜ける。そのあとはすっきりするので放っておいたが、毎朝、散歩で会う犬飼いの先輩に「おなかのまわりだけでも切ってやると涼しいはず」とアドバイスを受け、毛刈りを実施。私がザクザク容赦なくやるのですっかりトラ刈りだ。まぁ、長袖が七分袖になったくらいの違いだと思うが「少しでも涼しくなれば」という飼い主心。メタボなおなかを少しでも風が通り過ぎますように。

問題なのはコウハイだ。子猫の頃はちょぼちょぼしかはえていなかった被毛もいつの間にか伸びはじめ、今ではすっかり長毛種。自らの舌でグルーミングしていても「舐めきれニャいよ！」と、手を焼いている。

「夏、暑かったらサマーカットしたほうがいいかなぁ」と前々から考えてはいた。そして、いざ、と具体的に調べてみたら……。ペットサロンで猫もカットしてくれるところは稀だということがわかった。じゃあ、どこかいいサロンを探さなくちゃいけないのか……。

知り合いに会うと、あいさつがわりに「センコウ、元気ですか」なんて聞いてくださる方もいて、犬猫の話をすることが多い。そんなときにも「コウハイのサマーカットを考えているんだけど……」と言っていた。「あぁ、この暑さじゃ大変そうですよね」とコウハイに同情してくれる人、「おもしろそうだからやってみて！」と興味津々な人、反応はそれぞれ。

中でも私が気になったのは「猫って、不本意にカットされると鬱っぽくなるっていいますよ」という意見。え、ほんと？　そういえば、大島弓子さんのマンガで読んだことがあったかも。怪我をした猫を治療のために剃毛したら、その猫は、怪我が治っても被毛がはえ揃うまで引きこもってしまった、とか。

そうか、そうかもしれない。猫って、それくらいデリケートで美意識が高い生き物なのかも。でも待てよ、コウハイに限ってはどうだろう？

いつも、コウハイの爪と肉球の間の伸びた毛をカットするのは私。歯磨きのまねごとのようなこともやらせてくれるので（反抗的な目でうーうーと文句を言いながらも逃げない）、カットもさほど嫌がらないかもしれないな。「コウちゃん、あなたはどうしたい？」おなかを出して「開き」となって寝ているコウハイに聞くが、返事はニャい。

サマーカットしたコウハイを見てみたい、それより暑さから解放されるなら、1日でも早くすっきりさせてやりたい。あぁ、ニャやましい。

ボク、サマーカットは似合うかニャ？

酷暑もたけなわ、8月のはじめにそれは行われました。はい、コウハイの断髪式です。なかば強引な私のリクエストに、友だちのみやちゃんが「じゃあ、私がやってみよっか」とはさみ持参で我が家に来てくれたのです。何も知らないセンパイとコウハイ、相変わらずの熱烈歓迎。しばしたわむれいとをかし。

みやちゃんは、おっとりしているけれどやるときはやる。お茶もそこそこに「じゃ、はじめますか。コウちゃんのこと、つかまえてて」。キリリとスタンバイ。

「はい！」私は、身も心もみやちゃんに仕えるアシスタントとなり、コウハイをつかまえて、がしっと押さえる。「ニャ、ニャニャぁ〜？」と、あっけにとられるコウハイの背中から、大胆にチョキチョキチョキチョキ、右サイドも豪快にチョキチョキチョキチョキ。左も……。しばらくされるがままだったコウハイは「はっ！」と我に返ってひょいっと逃げた。追う私。つかまえたところにみやちゃんが来て「今度はおなかね」、そう言ったと同時に私はコウハイをひっくり返す（餅つきの要領で）。そしてチョキチョキチョキチョキ、チョキチョキチョキチョキ。「おとなしくしているな」と、私が気を緩めた隙にまた素早く逃げるコウハイ。なんだか逃げるのを楽しんでいるようにも見える。つかまえてはまたチョキチョキチョキチョキ……。逃げるコウハイ追う私。お互いに真剣で武道の一本勝負という趣きだ。

「あれれ、コウちゃん何かされてるわ〜ん」と遠巻きに眺めていたセンパイも「なんだか盛り上がってるわね！」と参加を表明。逃げるコウハイ追う私、私を追うセンパイに、はさみをチョキチョキ動かすみやちゃん。ドタバタの新喜劇のようになって、逃げる追う切るを繰り返すこと2時間。はぁはぁはぁ、息も切れるというものです。

「だいたいできたかな。こんな感じでどぉ？」みやちゃんの言葉でカットは無事（？）終了。部屋中にふわふわ舞っているコウハイの被毛を片付けながら、冷静にコウハイを眺めて「ぷぷっ。コウちゃんって、案外細くて薄くてこぢんまりしているんだね！」と思わず言った。「フン！　失礼ニャ。こんなふうにしたのはおまえらじゃんか！」コウハイはそう目で語っていたが、妙にかわいらしくてすごんでもその効果はない。みやちゃんががんばってくれたおかげで、コウハイのサマーカットは大成功。あとはコウハイのメンタルが心配だけど、なんだかあまり気にもしていないよう。

被毛をカットしたコウハイはひとまわり小さくなった。顔のまわりも少しカットしたので、これまで以上に丸顔な印象に。細い脚で床を蹴るようにして走る後ろ姿は、コウハイが我が家に来たばかりの頃を彷彿させた。センパイに「コウちゃん、小さくなってかわいくなったと思わない？」と聞いてみたけど、「そおかちら？」彼女はいつもそっけない。

今までの長～い被毛に包まれた得体の知れない雰囲気のコウハイもよかったけれど、短毛の羊みたいなテリアのようなコウハイ、とてもかわいい。猫ではない生き物のようにも見えるし、コウハイだけどコウハイでもないようで……。さすがコウハイ、1匹で二度かわいい。その後、2日間くらいはちょっとおとなしかった（ような気がする）が、コウハイは、「カットブルー」になることもなく元気に夏を過ごした。来年の夏も楽しみだニャ！

ボクのリゾートは人工芝

夏、実家に帰省したときにホームセンターに寄る。都心では見かけない大規模店、日用雑貨からＤＩＹもの、園芸グッズまでなんでも揃っている。ペット用品もあり、私はいつもここで犬猫のトイレ用砂やシートを買う。

巨大迷路のような店内をカートを押しながら歩き、つい、ふらふらと必要のないモノまで買ってしまいがちだけれど、その日、私の目に留まったのは、なんちゃって芝生。いわゆる「人工芝」というもので1メートル×1メートル。よく見ると芝のはえ方(?)や色、長さなど、なかなかリアルにできている。

私は、むくむくと欲しくなり、頭を巡らし買う理由をあと付け的にあれこれ見つける。そして「ベランダに敷くのは気が進まないけど、いっそのことリビングに敷いてみるのはどうだろう」とひらめいた。ソファの下に敷物を敷くと部屋が狭く見える気がして、今までは何も敷いていなかった。そろそろリビングの雰囲気を変えてみたいし、アンバランスな感じがちょっとおもしろいかも。

値段を見たら1980円……、これなら失敗しても笑って済む値段だ。「よし、買いでしょう!」と、私は人工芝をカートに入れた。まぁ、期間限定というか、しばらくの間だけでも試しに敷いてみよう。緑が目に沁みて、気分だけでもさわやかになれるかもしれない。

帰宅して、さっそく人工芝を敷いてみた。「また、何かはじめる気?」センパイ、コウハイに加えてオットまでもが不審そうに私を見ていた。「これって、家の中に敷くものじゃないんじゃやない?」遠慮がちに言うが、私は敷いた感じが気に入った。素足で人工芝を踏むのも悪くない（自然の芝生ならもっといいけど）。

そして、誰よりもこれを気に入ったのは、コウハイだった。「ニャんだニャんだ？」とやってきて芝生の上でごろん。「お、これはなかなかいいニャ！」それから、自分のおもちゃを持ち込んで、クネクネ、キャッキャッと遊ぶ遊ぶ。

今までは、相手をしてやらないとおもちゃでは遊ばなかったのに、人工芝を敷いてからは、ひとりでも楽しそうに遊ぶようになった。これは、昔の子どもが空き地の土管を基地にして戦争ごっこをやるような感じ？　それとも草原で獲物を狩るような気持ちになっているのかな。

私がソファに座っていると足元の芝生にコウハイが来て、気持ち良さそうに転がって眠ったりもしている。コウハイなりに高原に行ったような気分に浸っているのかも。

1日のうち、起きている時間の半分くらいを芝生の上でごろごろ過ごしている。

新しいものを導入したとき、なかなかなじめないのはいつもセンパイ。今回も人工芝を避けて歩く。ソファに上るときもわざわざ遠回りして、決して人工芝を踏もうとしない。「センパイも芝生にどうぞ。なかなかいいよ〜」私がそう声をかけても、センパイは知らん顔。「芝生って言うけど、これは本当の芝生じゃないじゃない。あたちはいつも公園に行っているからわかるんだもん！　コウちゃんはだませてもあたちはだまされないもーん！」そんな表情で私を一瞥《いちべつ》。

人工芝導入から2ヶ月経っても、我が家のリビングには、まだ人工芝が敷かれている。「夏も終わったし、部屋も秋冬のイメージに替えたいから、そろそろ人工芝もおしまいかなー」そう思うものの、コウハイの人工芝ブームは続いているので、しまうのがかわいそうな気もして。そろそろ飽きてくれないかな。

巨大猫に？　成長期はいつまで

個体差はあるものの、犬や猫は生まれてから約1年で成長期を終えるそうだ。1年で、人間ならば18～20歳くらいになる。「1年で成長した体軀の大きさのまま一生を過ごす」というのが理想らしい。しかし、センパイのようにじりっじりっと体重を増やし続け、成長（肥満）し続けている犬や猫もいる。

前にも書いたように、センパイは目の下のポチッを切除する手術を受けた。「エリザベスカラーもさぞやストレスでしょう」と過保護すぎたのか、あれれ、また育ってしまったみたい。

先日散歩していたら前から顔なじみの牛乳屋のおじさんがやって来た。おじさんとセンパイ、お互いに駆け寄って「お〜、久しぶりだなぁ〜！」「クンクンク〜ン（おじさ〜ん♡）」と喜び合っていたが、おじさんが言った。「おまえな〜、太っただろ〜？　前から見てて、センパイかなぁ、って思ったけど、あんまりまるっこいから違う犬かと思ったよ」

おろろ。抱き上げるとき「ちょっと重たくなったなぁ」とは感じていたけれど、遠くからひと目見てもわかるくらいか……。動揺を隠しながら「この前、手術したんです。それで散歩を控えたりしてたら太っちゃった……」と私。別に言いわけする必要もないのだけれど、ついそんなことを言ってしまう。

センコウ、身も心も成長し、一緒に暮らすのも2年が経った頃から、2匹は精神的にも安定してきた。前よりもほど良い距離を保つ関係になってきているように思う。相変らず取っ組み合ってケンカのようなことはしているけれど、それも楽しそう。

特に、手術したセンパイにコウハイがあれこれ世話を焼いてやさしくしていたことが、センパイの心に響いたのではないかと思われる。コウハイに不意打ちされて、プンプン怒っていたセンパイのプンが引っ込み、センパイがコウハイを尊重するようになった。

と、いうことで、人2、犬1、猫1の穏やかな暮らしができると思いきや……。コウハイがパワーアップ。はじめは、「センねえたんに叱られる」のが、少しはブレーキになっていたんですね、きっと。しかし、今では……。

コウハイもすくすく成長し身体も大きくなった。長毛ということもあり、見た感じでは、センパイとほぼ同じくらいの大きさ。我が家で一番標高が高いと思われる冷蔵庫の上も制覇、もはや家の中に未開の地はない。気力充実、血気盛んで怖いものなし。食べるものは盗むし、トイレや浴室にも入り浸り、蛇口から出てくる水に手を出し、置いてある雑貨にも真剣に挑み続ける日々。

ガタン！　バタン！　ドスンドスン！　と大袈裟な音をたて、センパイや私たちが驚くのがおもしろくて仕方がないようだ。あるときは、コウハイが冷蔵庫からドーン！　と飛び降りる、しかもセンパイのすぐ傍に。「ひーっ！」と飛び上がるセンパイを見て「センねえたん、こんなことでびっくりすんニャ！」と振り返ってニヤリ。

またあるときは、浴室で遊んで濡れた身体のまま、リビングを駆け回る。「きゃー！　やめてよコウちゃんー」と私が追いかけると、「うっししー」とますます調子を上げて部屋中を引っかき回す。あぁ、疲れ果てる。バッタリ……。

コウハイに「ねぇ、センちゃん？」と、間違えて呼びかけた私をシラ～と一瞥、そのあとに「ねえたん、呼ばれてるよ」とセンパイに視線を移す仕草の、なんと生意気なことか。

なんかこう、自信に満ちあふれている感じがするのですよねぇ、近頃のコウハイ。これも精神的に成長しているということなのかなあ。成長途中の反抗期、というか充実期？　この成長期はいつまで続くのか。センパイの体重増加同様、エンドレスだったら非常に困ります。

理想の体重を目指して？

「動物愛護感謝デー」という催しがあり、センパイと一緒にセラピードッグのキャンペーンガール（？）として参加していたときのこと（ちなみにセラピードッグとは動物介在活動に参加している犬のこと。犬とふれ合うことによる情緒の安定を目的とし、病院や老人福祉施設などに出向き活動を行う。センパイも何度か参加していたのです）。

ひと休みしながらふと会場を見渡すと、行列ができているブースがあった。気になって、センパイを連れて見に行くと、そこは「有志の看護師さんたちが犬の体脂肪率を計ります」というコーナー。偶然にも顔見知りの看護師さんもいて、「あらあらセンパイちゃん！　センパイちゃんも並んでね」と促され、体脂肪率を計ることになってしまった。実は、ここしばらく体重を計ることを避けてきた。なのに、神さまのいたずら？　こんなところにトラップ。

順番を待ちながら私はどきどき。心の準備をしようとするも、いろんなことが浮かんでは消える。そういえば少し前、『豆柴センパイと捨て猫コウハイ』を読んでくれているという方にお会いしたとき、「センパイって、写真で見るより小さいんですね。イメージしていたのより、小さいわ。そしてもっちゃりしていますね」なんて言われたなぁ。

以前、映画『子ぎつねヘレン』が公開された時期は、散歩ですれ違った小学生に「あ！　ヘレンだ！」と子ぎつねに間違われたこともあったなぁ。あの頃は、まだ痩せていたんだなぁ。でも、センパイ、じわじわ太ってきてるよねぇ。ストレス太り？　幸せ太り？　成長期が止まらない。並ぶこと数分、センパイの番となった。

「はい、センパイちゃんね。あれ？　んー。ん？　あらぁ……」

看護師さんの声のトーンが下がる。「センパイちゃん、意外に……。ねぇ。犬の理想的な体脂肪率は20％前後。でも室内で飼われている犬は、だいたい30％前後が平均なんですよ。センパイちゃんは……、うーん……、36％よ！」

くーっ、やっぱり。というか、想像以上！「センパイちゃんは、柴犬にしては顔が小さめ。その骨格のバランスからして、もう少し痩せたほうがいいですよ。今後、加齢により腰に負担がかかることもあるので、今のうちに痩せることを意識してくださいね」

的確なアドバイスを受けた。ほんとうにそう。その通り。わかってはいるのです。

その後、セラピー仲間や知人の愛犬たちも次々に体脂肪率を計ったが、センパイより高い子はほぼいなかった（1匹だけいたのは、体脂肪率42％のミニチュアダックスフント。でも16歳という高齢犬で、生きているだけで褒められていた)。「さささんじゅう、ろく、ぱーせんと……」心の中で繰り返し、しょんぼりしている私を、センパイは「何か、おいしいものちょうだい?」という目をして見ていた。

そういえば、獣医さんに言われたことがあったっけ。あれはセンパイが1歳半、春のフィラリア予防薬を処方してもらうときだったか。

「体重は、4・7キロです。豆柴は、予想以上に大きくなってしまうこともありますが、今のセンパイちゃんは理想的な体形ですね。1歳の誕生日を迎える頃の体形を生涯維持するのがいいと言われていますよ。この調子でがんばってくださいね」

その言葉に気を良くして、つい油断して脇が甘くなり、1年で1キロ太らせてしまったことがあった。そして、前出の獣医さんに「犬の1キロは、人間の10キロですよ!」と脅かされ、慌てておからダイエットして少し痩せたけど、結局、あれからどれだけ痩せたり太ったりしているのか。それなりに気をつけてはきたつもり。なのに、体脂肪率36%とは。

コウハイも最近「大きくなったね!」「あれ、こんなに大きかったっけ?」と言われる。我が家には、動物が成長しすぎる菌が蔓延《まんえん》しているのかな。いえいえ、ついおやつなどを与えすぎているのかもしれないなぁ……。

センパイは、口に入って食べられるものなら何でも食べる。「いつでも何でも食べたい」という強い強い意志を持っている。私たちが食事しているときも「おいしいもの落ちてこないかなー」と、テーブルの下に待機。お菓子の袋を開けただけで「何食べるのー？」と飛んでくる。子犬の頃からそうで、あまりにしつこいので根負けし、つい、茹でた野菜や豆腐、ヨーグルトや食パンの耳など、健康に影響なさそうなものをほんの少し与えるようになっていた。そのクセがいまだ抜けず、というか、今ではそれが当たり前のルールのようになっている。

そういえば昔、「ちょっと待て、そのひと口がブタになる！」っていう標語（川柳？）が流行ったけれど、たしかに〝そのひと口〟が犬をブタにしているのかもしれない。コウハイも「センパイにならえ」の精神で暮らしているので、当然何でも欲しがる。そのひと口は、猫もブタにする。

そうだそうなのだった。犬猫たちだけに厳しくしても意味はない。「ペットは飼い主の鏡」だというし、私の気持ちから引き締めなくては。

センパイのこともコウハイのことも毎日見ているから、見る目も麻痺してしまうのもたしか。ときどき「あれ？　センパイ、太った？」と思っても「いや、冬毛になってきたからだね〜」と解釈したり、コウハイを抱き上げて「重たくなった？」と感じても、「あ、食べたばっかりだからか〜」と妙なこじつけで納得してしまう。言いわけがましいけれど。散歩を強化したらいいのかなぁ。でも、コウハイの場合はどうしよう。私の気持ちは行ったり来たり。

センパイ、美魔女への道

センパイが8歳のとき。その年齢を買われ（？）、サイト「いぬのきもちweb」で「犬のアンチエイジング」という連載をやらせてもらった。

犬の平均寿命は約15歳。7歳からはシニアと言われ、一般的に7〜8歳から目に見えて老化が出はじめる（被毛が白くなったり、動きが緩やかになってきたり……etc.）。加齢を止めることはできないけれど、できるだけ若々しく健やかに、老化を少しでも先に延ばして死ぬまで元気で暮らすには、日々をどう過ごせばよいか。それを探るのがセンパイと私の使命。

　健康維持のための運動法や家でできるケア方法など、獣医さんや老犬介護の専門家にセンパイと会っていただき、貴重なアドバイスをしてもらった。私が密かにつけている裏タイトルは「センパイ、美魔女への道」。

　犬のリハビリ支援などでも知られるペットケアサービスのオフィスを訪ねたときのこと。センパイを診ていただき、アドバイスされたことは「後ろ脚の筋肉強化」。プロの目によると「センパイちゃん、後ろ脚の外側の筋肉が落ちてきています」と。飼い主としてはまったく気にしていなかったことだけに、驚いた。

　そのケアには、散歩を強化させることが何よりも大事。ただ距離を歩くだけではあまり効果がなくて、坂道や階段なども積極的に昇降させること。草地やウッドチップが敷かれた柔らかなところ、障害物があるところを歩かせることも効果あり。つまり、犬も人と同様、歳をとると脚を上げないで歩くようになってくるので、しっかり脚を上げて歩くように意識しながら散歩させなくてはならないそうだ。

　犬も人も「老化は足腰から」。長寿犬の飼い主が口を揃えて言う長寿の秘訣は「散歩と口内ケア」。あぁ、これは大変なことになった。ただでさえ、散歩嫌いなセンパイを、その上、最近頑固になってきたセンパイ（これも老化？）、今まで以上に積極的に歩かせるにはどうしたらいいのか。

その年の夏は猛暑で、センパイも私もぐったり。早朝から夜中まで暑いことを理由に散歩も少々さぼり気味で、リビングでボール遊びをしてお茶を濁すことも多かった。散歩好きな犬なら「散歩に行けないなんて耐えられない！」と抗議がありそうだけど、センパイは「散歩？　付き合ってあげてもいいけど、別に行かなくてもいいわ～ん」というタイプ。

そして気がつけば、散歩不足からか、センパイ、またじわじわと太り出した。「アンチエイジングの連載中に〝センパイが若返る〟のならばいいけれど、太ってしまっただなんて……」私は怖くて、センパイを体重計に乗せられない。夏の暑さでやる気は減退するのに食欲が落ちないのはなぜか。

9月も半ばになりようやく涼しくなってきた。「さて、そろそろお散歩強化月間といたしましょう」と、ある日、家から少し離れた公園までセンパイを連れ出した。「センパイ、今日は大きい公園の芝生でボール遊びをしよう！」そう動機づけするも、センパイ、動かないこと山のごとし。

なだめたり持ち上げたりして、やっとのことで公園に到着すれば、さっきまでの座り込みが嘘のように芝生の上をハイテンションで走りまわり、ボールを追いかけるセンパイ。「もっと遊ぼう！　もっとボールを投げて！」ととても楽しそうだ。道路を歩くのが嫌なの？

帰り道は「家に帰れる↓おやつもらえる？」と思うのか、順調に歩く。それでも以前に比べると歩き方はゆっくりだ。私は歩調をセンパイに合わせながら「これも老化かなぁ……」と少ししんみり。

秋風に追い越されながら、ようやく帰宅。公園で走った日は、気持ちも安定するのかコウハイにもやさしいセンパイ。爆睡している姿はまんまる。上から見たらいなりずし。健やかな老後目指して、これからも散歩がんばろうね、センパイ！

電子レンジを捨てました

電子レンジを捨てた。勇気がいった。考えはじめてから実行するまで3年以上かかったな。うちで使っていたのはいわゆるオーブンレンジというやつで、オーブン料理もできます、パンも焼けます、食べるものを手軽に温めます。

最初は「オーブンでグラタンやキッシュを上手に作れる人になろう」とはりきっていたし「なんならケーキも何種類かは焼けるようになりたいな!」と思ってもいた。なのに、この10年間で一度も作らなかったよ……。使い途《みち》といえば、冷めたごはんや買ってきたお弁当を温めることと、朝、食パンを焼く程度。文明の利器を使いこなせていない私にも問題があるが、狭いキッチンで場所をとる大仰な箱、その風情に違和感があった。

電子レンジが発生させる電磁波が人体によくないとか、レンジでの加熱が食品の栄養素を破壊するとか、諸説あるのも気になるところではあった。しかし「レンジでチン!」は本当に便利……。

常々、私が心がけているのはシンプルに暮らすこと。物質的にも精神的にもそうなりたい。しかし、現実の私は物欲旺盛でモノを溜め込む。「今は使わないけど、いつか使うかも」と思ってしまう昭和の人間(時代というより自分自身の問題ですね、ハイ)。判断と即決が苦手で、面倒なことは先送り。

犬には「快」と「不快」しかないという話を聞いたことがある。できることならば、私もそれくらいシンプルに生きたいと思う。センパイの「お気に入りのボールがひとつあれば、他は何もいらないわ」という単純さ、コウハイがセンパイを「遊ぼう」と誘っても乗ってこないとき、別のおもしろいことをすぐに見つける臨機応変さが、私はうらやましい。

犬や猫は気持ちに区切りをつけるのが上手いと思う。その感情を引っ張らないところは見事。「不快」を見て見ぬふりをして、ぐずぐずとやりすごす私はぜひ見習いたいところ。「不快」をできるだけ「快」に近づけて機嫌良く軽やかに暮らしたいもの。電子レンジ問題は、玄関の隅のしまい忘れたビーチサンダルみたいに、いつも私の心の中にあった。

ある日、フェイスブックでやりとりをしている知人が電子レンジに関する記事をあげていて、それを読んだときに「あ、捨てよ……」と決めた。たまたま決心がつくタイミングだったのかもしれないし、ちょうど内澤旬子さんの『捨てる女』（本の雑誌社）を読んでいたのも影響したのかも。決心すると、いろいろな理由が思いつくもので、まずは「NO! NUKES」の気持ちを電子レンジを手放すことで表す、なんて言ってみたり。

　レンジを捨ててしまってから、毎朝、パンは網で焼く。ガス台の火を加減して、網のどの位置にパンを置くかも慎重に。右上が焼けてきたら、場所をずらして左側にも焦げ目がつくように。何度も位置を変えたりひっくり返したりして、まんべんなくこんがり焼けるのを待つ。時間も手間もかかってめんどうだけど、楽しい。何より、トーストしてもパンのしっとり感が残っておいしい。

　やっぱりレンジで焼くと、水分が飛びすぎてしまうみたいだ。カリカリに焼き上がったパン、そのきつね色の長方形にセンパイの背中を連想して、もっとふんわりとした背中のほうが幸せそうだなぁと思っていたのだった。

　その点、網で焼いたパンは、色むらがあったりするけど、心が通ってる感じがあってセンパイの背中のようだ。あまり焼けていない白いところは、センパイの柔らかそうなおなかに似ている。そんなことをぼんやり考えながら、朝食の支度をするのはいいものだ。レンジがあったら到達しなかった境地。

　レンジを捨てたことで、不便を補う「工夫すること」の練習ができている。気持ちの転換と発想が前よりも少しできるようになったかも。犬たちのように「不快」を

「快」に変えるとは、こういうことかもしれないな。電子レンジがあった場所は昼寝を楽しむコウハイの特等席となった。

ある日突然、２匹の猫がやってきた　その１

「ま、また猫……？」センパイの顔にはそう書いてある。冬のある日、我が家に２匹の猫が来た。オットの母と暮らしているボンボン（♂）とジュリ（♀）。コウハイがやってきて１年が過ぎた頃のことだった。

実はこの２匹、義母のもとで暮らす23歳の超高齢兄妹。数ヶ月前から妹のジュリが風邪をこじらせ肺炎になり「あと数日」と余命を宣告された。しかし、奇跡的に生きていてくれた。義母は、70歳を過ぎた今も現役で働いている。忙しさと体力的なことから「ジュリを思うように看病できない」とＳＯＳ。急遽《きゅうきょ》、我が家で預かることになったのだった。ボンボンとジュリ、そして、センパイとコウハイ。我が家は一気に２人と４匹の大家族になった。

ジュリは重篤な状態なので、環境の変化を気にする余裕はないようだったが、ボンボンは「ったく、なんだ！　ここはどこだ！　なんでこんなところに連れてきたんだよ！　ふん！　ふん！」と、ふてくされて悪態つき放題。でもまぁ、気持ちもわかるので「ごめんごめん、ボンちゃん。これ、食べる～？」などと猫用チーズを差し出し、私も弱腰で仕える。「ふん！　なんだこりゃ！　うまいじゃないか！　まったく、ふん！」怒りながら喜ぶボンボン。竹中直人みたいだ。

新入り老猫たちと先住犬猫。2日間ほど別々の部屋に隔離していたが、ずっとそのままにしておくわけにもいかず4匹顔を合わせることにした。ボンボンは、最初が肝心とばかりにシャーシャー威嚇。でもセンパイとコウハイは、いばりん坊のボンボンよりもジュリの殺気だった闘病の姿に圧倒された。そして「ただごとでない」ことを瞬時に理解。「なな、なんか苦しそうだよ」「このおばあさんを助けてあげなくちゃ！」と、戸惑いつつも受け入れた。

ジュリは、近所の獣医さんに連れていったものの「年齢、体力的なことも考えて、心身の負担になる治療はせず、苦痛を軽減する処置をして見守りましょう」ということになった。その日から私はジュリのしもべにもなり、寒くないようにあれこれと寝

床を整え　流動食を作り口元まで運ぶ。

そんな光景を遠巻きに見つめるふたつの影……。そうなのでした、センパイとコウハイは、どうにもおもしろくない。「あのおばあさんがすごく大変そうなのは知ってるの。でも……」センパイがそう言えば、「ねえたんの気持ちはよーくわかるニャ。ボクはあのじいさん、気に入らニャいよ」とコウハイ。気がつくと、センコウは身を寄せ合ってどんより。

あれれれ……！　でもセンパイとコウハイ、ボンジュリが来て前より仲良くなってない？　何かあるとコウハイはすぐにセンパイにほうれんそう（報告、連絡、相談）。作戦会議か、よく2匹で話し合うようになり、「ねえたん、あのじいさんが……」と、コウハイはボンボンのことをセンパイに言いつけ、そのやりとりもぼやき漫才よろしく、息もぴったり。ボンボンにモノ申すコウハイをセンパイがたしなめ、その場を収めたこともあった。思い返せば、夜、同じベッドに入って寝るようになったのもこの頃から。

そこで2匹が落ち着いているときを見計らい、じっくり話し合う。

「センちゃん、コウちゃん。突然、猫のおじいさんとおばあさんが現れてびっくりしたよね。私もびっくりしたよ。でもさ、いろいろ事情があるのよ。だからさ、我慢してください。ボンジュリがいつまでいるかわからないけど、みんなで助け合って少しずつ慣れていこう。今はジュリちゃんをみんなで看病して、一日でも長く穏やかに暮らしてもらうのが一番大事。ね、よろしくお願いします」

「うん、わかったニャ！　おばあさんを応援するニャ！」こんなとき素直に聞いてくれるのはコウハイ。いたずらっぽい目をクルクルさせて、私の足元で無邪気にじゃれる。センパイは深いため息をついた。私の目を見ようとしない。これは「了解したけど、納得はしていませんから」の意思表示。でも、どうにもならないことも理解していて「嫌だけど協力はします……」としぶしぶ同意してくれた（と思う）。

ジュリはほぼ眠っていたが、晴れた日には日なたに出てたり、センパイやコウハイがお見舞いするのをまんざらでもなさそうにしている。ボンボンだけは交わらずゴーイングマイウェイ、センコウと私は、ジュリを看病するチームとして団結した。

前途多難……。しかし、このままなんとかこのメンバーでうまく暮らしていかないとね。ジュリに安心して過ごしてもらうためにも……。

ある日突然、2匹の猫がやってきた　その2

センパイとコウハイ、23歳の老猫・ボンボンとジュリ。時間が過ぎて、それぞれの気持ちも収まり、犬1猫３人２の暮らしにも少しずつ慣れてきた。コウハイは心細いのかセンパイの後ろをくっついて歩き、２匹は団結していつも一緒。ボンボンは頑固じじいライフを満喫、気がかりなのはジュリの容態……。

なにせ体温が34〜35℃と低いので、とにかく温かくなるように工夫した。１００円ショップでフリース地のレッグウォーマーを買い込んで、ジュリに着せる服を作った。ベッドにも毛布を何枚か重ね、湯たんぽを入れた。しかし「今日のジュリは調子良さそう」と安心していたら急に呼吸が荒くなったり、油断できない日々だった。

そんな中でも暖かい日には、ジュリのベッドを移動して、センパイとコウハイと並んで日なたで昼寝。寝息がやさしい三重唱となり耳に届く。そして、祈る。こんな静かで穏やかな時間がいつまでも続きますように。

ボンジュリが来て2週間ほど経った日曜日の朝、目を覚まし耳を澄ますと隣の部屋で寝ているジュリの寝息が聞こえた。「よかった、ジュリは今日も生きている」

ジュリが我が家へやって来てしばらくは、どうにも心配でオットか私がジュリの横で寝ていた。でも最近は容態が安定していたので、私たちは寝室で寝て、目覚めるとすぐジュリの寝息を確認するのが習慣となっていた。

私は、ベッドの中でジュリの寝息を聞いているのが好きだった。「ジュリ、生きていてくれてありがとう」そう思い、幸せな気持ちでジュリの寝息に耳を傾けまどろんでいたとき、音が止《や》んだ。

誰かに音を吸い取られたかのように、家の中の音がスッと消えた。何も聞こえない。つい今まで規則正しく聞こえていたジュリの寝息が、耳を澄ましても聞こえてこない。

「ジュリ?」

私は慌ててベッドを飛び出し、その勢いにつられて、私のそばで寝ていたセンコウも飛び起き転がるようにジュリの枕元へ。

ジュリは死んでいた。息を吸おうとした途中の「はー」と少し口を開けたそのままで。

ボンボンもやって来た。鼻先をジュリに近づけ何かを確認し、そして「ふん」と短く息を吐き、去っていった。それが彼なりのあいさつ。ジュリに背を向けるボンボンの姿に「あぁ、ジュリはもうここにいないんだな。ここにあるのは、からっぽになったジュリの亡骸なんだ」。

ジュリは死んでしまった。目を覚ましすぐにジュリを見に来ていたら、見送ることができたかもしれない。ひとりで逝かせてしまってごめんね、ジュリ。でも、天気のいい日曜日のすがすがしい朝に、ふらっと散歩にでも出るように逝ったのが、意地っ張りで気高いジュリにふさわしい旅立ちのようにも思えた。

ジュリは、我が家に来る以前から重篤で、食欲もなく呼吸も苦しくつらそうだった。なのに、生きることに迷いもあきらめもなかった。最期まで強気で生きることへの努力を惜しまなかったジュリ。「死ぬまで生きる」その姿は、本当に立派だった。センパイやコウハイも、そんなジュリの姿から何かを学び、敬意をはらい見守っていた。亡きジュリをリビングで寝かせていたとき、心配そうに覗き込んだりして、ずっとそばを離れず名残を惜しんでいたのはコウハイだった。

2匹の老猫に戸惑い、覚悟し、試行錯誤した日々。不安で心配で、うれしくて楽しくて、そして悲しくて……。センパイもコウハイもオットも私も、ジュリとボンボンのおかげで少し大人になれた。命尽きるまで生き抜くこと、その尊さを教えてもらった。

ジュリ、看取らせてくれてありがとう。

ある日突然、2匹の猫が去った

ジュリが亡くなった日の夕方、義母がやって来た。ジュリの亡骸《なきがら》を義母は抱き上げ、頬を寄せて「ジュリ、ジュリ」とずっと声をかけ、そして何度も「ごめんね」と言っていた。センパイもコウハイもそっとその様子を見守っていた。

本当は、自分で看取りたかったのだと思う。仕事の忙しさとジュリの看病とで、疲労と不安でいっぱいいっぱいになっていた義母は、そんな慌ただしい日々が永遠に続くように思え、苛立《いらだ》ち絶望していたけれど、意外にあっさり幕引きとなった。「ここてお別れとなるなら、最期までジュリを看ればよかった」そう思ったのかもしれない。

犬も猫も人も、生きているものの命がいつまでかなんて、誰にもわからない。でも永遠ではないのだということをあらためて思った。

さて。もう1匹の老猫・ボンボンは相変わらず。義母がやって来ても、さほど喜びもしない。「あ、知ってるぞ、この人、知ってるぞ！　なんだ、なにしに来たんだよ？」という感じ。それでも玄関で出迎えて、ずっと付かず離れずいるところをみると恋しいのかもしれない。センパイとコウハイを仕切り「この人の隣はおれの場所だぞ」と言っているようにも見えた。

義母が言った。

「実はね、ボンボンを家に連れて帰りたいの。預けてみたり連れて帰ると言ったり、勝手なことはわかってます。でも、２匹と離れてみてやっと気づいたの。身に沁みました。ボンボンが病気になったりしても、もう手放さないから」

共に暮らした最期を迎えようとしている猫を、理由があるとはいえ「預けたい」と言ってきた義母に、オットも私も憤慨していた。そして今度は「連れて帰りたい」と。

こんなとき犠牲になるのは動物だ。人の身勝手なふるまいに翻弄されて、ボンボンはどんな気持ちか。

沈黙が続いたが、「今、ひとりで暮らすお義母さんの毎日を思うと、厳しいことも言えないなぁ……」。そう思いながらボンボンを見たら、義母に寄り添うようにして眠っていた。その寝顔は、我が家に来てから見せたことがない柔らかな表情。そうか、やっぱりボンボンは帰りたいんだな。

その夜、オットは留守で、女同士、ジュリに献杯。

「悲しいけれど、苦しそうにしていたジュリを思うと、闘病から解放されてよかったね、とも思う。23年間もよく生きてくれたわ」

義母がしみじみと言った。少し辛口の日本酒が沁みた。

ボンボンは義母のリュックサックに入れられて「おい、なんだよー、今度はどこへ連れていくんだー」と文句を言いながら帰っていった。センパイとコウハイと、1人と1匹を見送り、私は「年寄り猫まつり、終わったねー」と、誰に言うでもなくつぶやいた。リビングが前よりがらんと広い。

ボンボンは「要領が悪くてマイペース、ひとりでは何もできない猫だ」と、先に天国に行った義父がボンボン（坊ちゃん）と名付けた。賢くて、いつも毅然としたジュリにどこか気遣いながら暮らしていたが、今では、義母をひとりじめ。食欲旺盛、気まぐれに甘え、ベランダで昼寝して近所を散歩、悠々自適。男ボンボン23歳、なんかまだまだ長生きしそう。

〈追記〉その後、ボンボンは義母と元気に暮らしていましたが、喉に癌ができ、半年間の闘病の末、2013年の大晦日に旅立ちました。私がボンちゃんに最後に会ったのは亡くなる3日前で、「ボンちゃん、がんばっていて偉いね。ありがとう」そう声をかけると、「ニャ」とかすれた声で、小さく返事をしてくれた。ボンちゃん、2年間も大好きなかあさんをひとりじめできて、よかったね。お疲れさま。

センパイと私の頑固くらべ

センパイと散歩していると、うしろから歩いてきた見知らぬ女性が追い越しざまにこう言った「この子、頑固ねー。自分の行きたいところにだけ行って、嗅ぎたい匂いを納得するまで嗅ぐって感じ！」。まさにそうなんです。しかし、ほんの数メートルの間眺めてただけで看破されるとは。

センパイは子犬の頃から甘えん坊でぼんやりしていたけれど、頑固さがあり「嫌なものは嫌なの！」という意志を持っていた。頑《かたく》なさというか、その芯の強さのようなところが、一般的に「柴犬は自立心があり、飼い主に忠実」と言われる所以《ゆえん》なのかと思っていた。

犬の散歩は、同じ道ばかりを行くのではなく、その日によってあちこちコースを変えて歩くのがいいそうだ。何にでも慣れて適応できる犬にするために。しかし、センパイは変化に弱い。毎日、同じ電柱の匂いを嗅ぎ、公園の隅で草をはみ、同じ場所でおしっこをする。同じタイミングでボール遊びを催促し、家が近くなると小走りになって、玄関の前で「ゴールインしました。おやつちょうだーい」とおすわり。その繰り返しで本犬はいたって満足そうではあるけれど……。

私には、何かのタイミングでむくむくと克己心が湧き「このままではいけない！」と思う癖がある。「センパイの散歩も、もっといろんなところを歩いたほうがいい！坂道とか階段とか歩いたほうがセンパイの脚力強化になる！」と発作的に思う。そして強い気持ちを持って実践しようと試みる。迷惑なのはセンパイだ。

「センちゃん、今日はこっちの道を行ってみよう！」そう私が促すもセンパイは「えー、いつもの道でいいよー」と応じない。そして「いつもの道じゃなかったら、歩きたくないしー」と座り込む。私も「よかれと思って」という執着があるので、センパイの態度に納得できない。こうなったら女同士（？）の意地の張り合いだ（ちなみに、センパイの座り込みは近所でも有名です）。

生来、私は頑固者。好きなものにもこだわるし「こう」と思ったら方向転換がなかなか難しい。父も頑固者、オットも頑固者だ。頑固に一途に生きるのが良きことのようにさえ思っていた。しかし、飼い犬にこうも頑固にされると気持ちも揺らぐ。

「センパイの頑固さが憎らしい」そう思うが、思わせているのは私の中の頑固さなのだ。思い返せば、センパイと私の歴史は頑固くらべ。オットとの歴史も同じようなもの。はあ、頑固さを手放す良策はないものか。

「こだわって生きる」のは度を超すと生きづらい。先入観のない柔軟な姿勢で物事をふんわり受け入れて、自然の流れに従える人になりたい。犬はいつでも私の先生だ。

コウハイ脳はシンプル&ストレート

連載を書籍化することになり、自分で書いた原稿を読み返していて思った。コウハイって一体どんな性格……?

「コウハイは暴れん坊」「周囲の空気を読むいい子です」「飼い主の顔色など窺ったためしがない」「センねえたんにはニャンとも忠実」

自分で書いていてなんですが、読んでくださる方はこのようなさまざまな表現、「コウちゃんって、いい子なの? それとも言うこと聞かないやんちゃ猫? 一体どっち?」と戸惑うのではないか。

コウハイは、好奇心旺盛ないたずらっ子。スイッチが入ると家中を縦横無尽に走っては飛び跳ねる。でもふとしたときに、こちらがドキドキするくらい優雅に甘えてきたり……。飼い主には気を遣わないけれど、センねえたんには一目置いている。自分が遊びたくなったら、センパイにも私たちにもいたずらを仕掛ける。物陰に潜んでタイミングを見て「わー！」と脅かしてみたり、棚から飛び降りるときや、ダンボール箱から出るときにわざと大きな音をたてて愉快そうにニヤリ。私が寝ようとすると、「ボクと遊べ〜！」とベッドに先回りして待ちぶせ。寝ていて息苦しくて目を覚ましたら、コウハイが私の顔の上で眠っていたこともあった。

私が原稿を書いていてもごはんを作っていても、自分が隣の部屋に行きたくなると「ドアを開けてくれろ〜」と鳴くコウハイ。寒い季節は、彼のためにドアを開けたり閉めたりしているだけで日が暮れる。

あ。今気がついた。「センねえたんには忠実」そう書いたけど、コウハイは何よりも自分に忠実に生きているのだ。思ったことをそのまま実行し、自分の欲求をストレートに表現。私やセンパイにも気持ちを素直に伝えて生きている。躊躇せず、過ぎたことは振り返らず。自分の心を傷つけず、迷わず、人の言動にも左右されない。目の前のことを全力で楽しむ。それがコウハイだ。

「あぁ、コウハイのように生きられたら、どんなにいいだろうか」

私はうなだれる。考えすぎては立ちどまり、思ったことも口にできない自分はなんとも小さい。「好きな人には好きと言う、会いたい人には会いに行く。やりたいことはやる」コウハイは勇気のかたまり。命を楽しむ天才だ。窓から迷い込んできた小さな虫を見つけ「ニャニャー！　虫くん、待てぇー！」と無心に（シャレではないです）すっ飛んでいくコウハイの姿を目で追いながら、なんと頭でっかちであったかと振り返る。コウハイからは、素直さと勇気と自由を教えてもらっている。猫もやっぱり、私の先生だ。

ふたりでお留守番

オットとふたりで泊まりがけで出かけることがあった。2泊3日。そんなことは年に何度かあって、そのたびにセンパイとコウハイを信頼できる友人夫婦に預けていた。友人たちはセンパイが子犬のときから知っていて、夫婦でセンコウをかわいがってくれて、何よりセンパイが大好きな人たち。とても頼りになる有り難いホームステイ先。

預かってもらうとき、センパイは親戚の家に泊まりに行くような感じで終始リラックス。センパイが安心しているとコウハイも安心し、2匹で非日常を楽しませてもらっているようだ。

しかし、今回は急だったこともあり都合がつかない。ペットホテルに預ける選択肢もあったが、考えた末に「家で2匹で留守番させてみよう」と決めた。私たちが出かけたあと、2匹はいつものように家にいて、1日に2回、近所に住む仲良し家族の娘・ななちゃんにペットシッターとして来てもらう。ななちゃんはセンパイが我が家に来たときからの幼なじみ。ごはんやトイレの世話をしてもらい、しばらくの間2匹の相手をして遊んでもらう。これが今の2匹にとって、一番ストレスにならないスタイルだという気がした。

「今日も2匹は元気です！」ななちゃんからは旅先にもメールが届き、私たちは大安心。しかし、送られてきた画像の2匹を見るたびに、こちらのほうがホームシックになりそうだった。

帰りの新幹線では、携帯に取り込んだセンコウの写真を見つめ「今頃どうしてるかなぁ」と2匹の姿を想像してばかり。心の中で「もうすぐだよー。今、横浜！　あと1時間くらいで帰るからねー」と念（？）を送る。最寄り駅からはもう急ぎ足、前のめりに帰宅して2匹の熱烈歓迎を受けた。

「どこ行ってたのよー！　会いたかったワワワ〜〜ン！」「帰り、遅すぎだニャー！」「帰ってくるのはわかってたけど、こんなにかかるとは思ってなかったよね〜」「ほんと、ニャんやね〜ん！」

センコウは玄関とリビングを全速力で行ったり来たり。玄関マットもソファのクッションも右に左に吹っ飛んだ。

あれれ。見るとセンコウ、前より仲良しになってない……？　お互いを尊重し合っている感じで、特にセンパイがコウハイをぐっと認めるようになったみたい。「コウちゃんがいると心強いワン！」と思ったのかな。コウハイも「ねえたんはボクが守ったよ！」と、自信をつけたような雰囲気。

後日、お世話になったななちゃんに留守中の2匹の様子を聞いてみた。

「私が入っていくと、多分おねえちゃん（私のこと）が帰ってきたと思って、すごい勢いで玄関に迎えに出てくるんだけど、違うとわかると〝あら、あなたね？〟って感じで、2匹で〝さあ、行きましょう行きましょう〟って部屋に引っ込んじゃうの。でね、ごはんあげたら、まずセンパイが食べはじめて、それをコウハイが見てる。そのあとコウハイが食べるのをセンパイが見てて、センパイはときどきコウハイにおこぼれをもらってた（笑）。遊ぼうと誘ってもあんまりのってこなくて、2匹でソファにいたり、ダンボール箱に入って静かにしていたよ」

そうか、なにかとイニシアチブをとるのはセンパイで、コウハイはそれにいい子で従っていたのね。ななちゃんの報告はとても明瞭で、2匹の姿が目に浮かぶよう。

私は、2匹が寂しさのあまり不安で心細い思いをしているのではないかと気になっていた。なので「ななちゃんが帰るとき、後追いしたり〝もっといてー〟って感じはなかった？」と聞く。

「寂しそうにはしてなかったよ。じゃ、帰るね、って言うと〝はーい、もう行ってもいいよー！〟というか、〝あとは任せとけー〟みたいな感じで落ち着いてた。ほんとに2匹で暮らしているみたいに、のんびりと寛いでいたよ。寂しがって飛びついてきたり〝遊ぼ遊ぼー！〟ってもっと激しい反応があるかと思ってたけど、意外にオトナの反応だった（笑）」

そっかぁ、オトナの反応……。「ここで待っていれば、ふたりはいつか帰ってくるから大丈夫！」なんて思っていたのかなぁ。私たちのことをそんなふうに信じてくれていたのか。そう思うとじーん。ペットはこんなふうに気丈に飼い主を待っていてくれる。その気持ちにしっかり応えなくてはね。

「でね、センパイがソファにいて、気づいたらコウハイも隣にいて……。こんなふうにずっと一緒にくっついていたんだなー、とわかった。ひとりの留守番は寂しいだろうけれど、ふたりでいられてよかったねー、って思ったよ。一緒にいるのは誰でもいいんじゃなくて、やっぱり家族がいいんじゃないのかな」

ななちゃんはやさしい。

そっか、ずっと2匹でくっついていたんだね。けっこう余裕で「たまにはこんなのもいいわねー」「そうだニャー」なんて話していたのかな。寂しくて辛抱たまらんは私たちのほうだった。お留守番おつかれさま。ななちゃんに来てもらってよかったね。

センちゃんコウちゃん、ありがとね。

映画『犬と猫と人間と2 動物たちの大震災』のこと

「早く家に帰って、センパイとコウハイをぎゅーっとしたい！」

この映画を観たあとに一番最初に思ったことだ。2匹が元気でいてくれることに、まずは感謝しなくては。センパイとコウハイとの日々、その日その日が奇跡だということを、あらためて感じた。家の中、通り道にセンコウが横になっていて「なんでここで寝てるのよ〜？　邪魔だよ〜」なんて言いながらまたいで歩くなにげない日常が、どんなにしあわせなことか。震災で思い知ったのに、気がつけばもう緩んでいる。

この映画、タイトルからもかなりシビアな内容だということが想像できる。「犬や猫が可哀想。動物が好きだからこそ観ていられない」そんな声も聞く。確かにね、その気持ちもよくわかる。でも、それで心にフタしてしまっていいのかな。

私自身、正直、そう積極的に観たかったわけではないけど、一度観てはなんだか気になって結局4回観ました。観終わって「観なきゃよかった」と後悔したことは一度もない。

1回目に観たときは、犬や猫、牛をめぐる悲惨な情景が脳裏に残り、どんよりとした気持ちになった。しかし、この作品には、再び震災が起きたとき、犬や猫をどうしたら助けられるかのヒントがたくさんあるな、と思った。そして、教訓を活かすことで、震災で亡くなっていったたくさんの命を少しは慰められるかもしれないと。

作品の中で、愛犬を亡くしたおかあさんが「ここ、この柱につないだのよ。大きな犬は中に入れちゃいけないって言われて」と涙ぐんでいた。そして愛犬は波にのまれた。そっか、一緒に避難所まで逃げてきても動物は中に入れてもらえないことがあるんだな……。

私もシミュレーションしてみよう。センパイは大きな犬でもないけど、小型犬とも言いがたい。避難したときに、周囲に迷惑をかけないようにするにはどうしたらいいのかな。センパイ用の避難用ケージを準備して、その中にスムーズに入るように練習すればいいか。普段からムダ吠えはあまりしないけど、逆にうれしくて興奮してしまうところがあるから、気持ちを上手くコントロールしなくちゃ。これは飼い主が勉強すること。センパイが高揚するタイミングなどを見極める練習もしておこう。

猫は犬よりコントロールが難しい。でもあたらめて知ったことは「非常時に、ペットと離れてしまったら二度と会えない」ということだ。映画の中で、当時原発避難区域に住んでいて、今もときどき帰宅しては、愛猫の行方を探している人が登場していた。心中いかばかりか。

コウハイにはリードをつけて歩ける練習をしたいなぁ（ヒモで遊ぶのが好きなので、

リードにじゃれてばかりで歩かない)。犬猫用の避難袋も用意しよう。

私の地元の隣町・栃木県那須塩原市でも公開され、宍戸大裕監督やプロデューサーの飯田基晴さんもいらっしゃるというので伺った。そして、私の観賞4回目にして、劇中ではじめて笑いが起こってびっくりした。その場面だけを切り取れば、動物と人とのほっこりしたやりとりで、言われてみればたしかに和むシーンではある。そっか、今までは、スクリーンに映る現実に圧倒されて、観客は笑うことも忘れていたのか。

栃木県北部は被災地にも近く避難者も多かった。当時、揺れで半壊した建物も目立ったし、放射能のホットスポットとして注目を浴びた。震災時の状況をリアルに体験しているからこそ、スクリーンの中の景色に圧倒されることなく、和みを見逃さず笑えたのかも。どんな状況にも笑いや希望の種があるのだとしたら、それを見つけられる人でいたい。

この映画は観ただけ心の体力がつく。1回目では悲惨さややり場のない悲しみや怒りが残る。しかし、何度か観ることで、現実の中でやるべきことを見極め行動する人々や、困難を乗り越えて、新たな光を見いだす姿に勇気をもらえる。けなげに生きる動物たちが愛おしい。

■『犬と猫と人間と2 動物たちの大震災』http://inunekoningen2.com

ペットと一緒に避難することを考える

東日本大震災の翌年、石巻を訪れたときに会った柴犬のはなちゃん。飼い主のおとうさんは「一緒にいられるだけで幸せです」と笑った。横で「そうなの、そうなの。ほんとうに」と穏やかに佇むはなちゃん、13歳。被災犬だ。

あの日、はなちゃんはおかあさんと家で留守番をしていた。地震が来て、まもなく津波警報。おかあさんは、はなちゃんを連れて屋根に上ったのだそうだ。波が押し寄せ、見慣れた風景が刻々と変わってゆく。日が沈みその景色さえも見えなくなって、雪もちらつき厳寒の一夜をふたり（1人と1匹）で過ごした。「あの晩、はながいなかったら、私もどうなっていたかわからないです」とおかあさん。

翌日、屋根の上にいたふたりは発見されて、ヘリコプターで救助隊がやってきた。「はなー、よかったなー。助かったよー！」と喜びあったが、救助隊員はこう言った。

「かわいそうですけど、犬はここに残してください。今救助できるのはおかあさんだけです」

動揺し、自分だけ救助されることに躊躇したが、「ここでふたりで死んでしまうより、私が生きて、はなを迎えに来よう」。おかあさんはそう思い、ひとり、ヘリコプターに引き上げてもらったそうだ。

「地震と津波で世の中がどうなっているのかもわからなかったし、家族の安否もわからない。そんな状況の中、救助に来てくれた人に〝犬も一緒に〟とはどうしても言えなかった」

家族と避難所で会え、みんなではなを迎えに行ったが、もちろん屋根の上で待ってるはずもない。はなはどこにもいなくて、あちこち探して3日目「もうだめかな」と、あきらめかけていたときに、道の向こうを歩いてくるはなを発見。

「はなー！　って、大声で叫んだら、はなも気づいてお互いに駆け寄って……。たぶん、はなも私たちを探していたんだと思いますよ。震災から4日、はなが見つかってその夜ようやく眠れました」

はなちゃんを残して自分だけ助け出されるおかあさんの葛藤、おかあさんと離されてしまうはなちゃんの不安。その切なさは、想像するだけでも身が痛い。

災害時、犬は救助してもらえないの？　東日本大震災では、未曽有の被害がこの先どれだけ広がるかの見当もつかず、まずは「人命を優先して救助する」という判断だったのだそうだ。もちろんペットもレスキューするが、定義があるわけではなく、災害時の状況で自治体や現場での判断となり、対応はまちまちなのが現状のよう。

震災の備えとして、私たちが犬や猫にやれることは何だろう？　東日本大震災で物資支援や動物保護のボランティアをした経験のあるＪＡＳＡ（一般社団法人日本動物支援協会）代表・我妻敬司さんにお話を伺ったことがある。

「ペットの避難用として、フードやトイレシーツを準備しておくのも大事なことですが、今の日本だと、震災の翌日には何かしらの救援物資が届くはずです。避難するときにペットを連れ、その上どれだけの荷物を持っていけるかという現実問題もありますよね。僕の経験では、まずはペットがクレート（ケージとも言います）の中で過ごせるようにトレーニングをしておくことが一番大切。あとは、はぐれたときのために首輪とＩＤタグの装着。マイクロチップの登録もしてほしいですね。避難所で問題になるのは、鳴き声と匂いです。ムダ吠えさせないこと、ある程度人に慣れさせておくことも必要です」

飼い主が災害からペットを守るためにやるべきことは、基本のしつけ。必要なのは想像力と判断力。「ものを備えておく」ことと並行して、人も動物も公共の場で迷惑をかけない、困らないために義務づけられている予防接種やノミ・ダニ対策をすること。日頃の生活習慣を身につけておきましょう。

ペットの避難対策、我が家ではまず震災後、コウハイに鈴をつけました。センパイもコウハイもクレートの中で過ごせます。ペット用の避難袋も作って、食事と排泄に必要なものや、以前使っていたブランケット（匂いがついていたほうが安心するかと思って）を入れた。センパイとは、地域の避難場所に避難する練習を何度かしました。何事もないのを願うばかりですが、備えよ常に。

これからも自分の気持ちを引き締めるために、石巻のはなちゃんのこと、ときどき思い出すことにします。はなちゃん、本当によかったね。おとうさんとおかあさんと、これからも元気でしあわせにね。

センパイのうんちを！　コウハイもつらいよ

センパイは犬でコウハイは猫。しかしそんなことは意識せずに暮らしているコウハイ。センパイが飛び乗れないテーブルにひょいと乗る。しかしそれは「たまたまセンねえたんよりボクのほうがジャンプが得意！」だから。夜中に目が冴えて走りたくなるのも「たまたま昼寝をしてしまったからなのニャ」。「ボクは身体がやわらかくて身軽だけれど、センねえたんはちょっとぽっちゃりさんだから、あんまり動かないんだよニャ……」

コウハイは何匹かの兄弟で生まれてきて、捨てられたのも拾われたのも救ってもらったときも兄弟猫と一緒だった。しかし、その頃は生きていけるかどうかという不安定な健康状態で朦朧《もうろう》としていた。宇宙と交信しているようなフシもあったので、周囲を感知していたかどうかも怪しい。だから、猫でありながら猫をあまり知らないのかもしれない。

人間のことは、保護されてから「やさしく声をかけてくれたり、おいしいものをくれたりする存在」という認識でいたと思う。

生後3ヶ月ほどで我が家にやってきてからは何事もセンパイの背中を見て覚えた。オットや私は飼い主とはいえ、1日2回のごはんを与えることとトイレの掃除、遊び相手になることが主な役割で、家の中でのルールを教えたのはセンパイだ。なので、コウハイ的家族内優先順位はセンパイが第1位。「この家で暮らしているのは、しっぽがあって4本脚で動くセンねえたんとボク、それから、ごはんをくれたりする大きな生き物がふたつ」

私がコウハイの犬化（センパイ化？）に気づき、最初に「はっ！」と思ったのは我が家に来て数週間経った頃。ごはんの食べ方だった。「犬は一気に食べるけど、猫は気まぐれに食べたいときに食べる」とばかり思っていたが、いつの頃からかコウハイも一気に食べるようになっていた。ものすごい集中力でガツガツガツガツと食べる姿はセンパイにそっくり。

コウハイの犬化（センパイ化？）はその後も日に日に進み、リラックスしているときの姿も、日なたぼっこしている場所も同じ。私やオットが帰宅したときに玄関で迎えてくれるのもセンパイと一緒。おやつをもらうとき、お手もする。

そんな猫なのに犬なコウハイが、最近気になっていることがある。それは、センねえたんのうんち。

センパイのトイレタイムは散歩に出たときだが、家の中のトイレシートでもうんちやおしっこをする。コウハイは、センパイのシートの横に設けたトイレ砂の中に。コウハイがトイレをする様はとても開放的で、お客さんが来ていても私がじーっと見ていても平気。何かを決意したような表情で泰然と一点を見つめて。排泄後はとても神経質に、念入りに何度も砂をかけて隠す。

ちょっと猫っぽいけど犬なセンパイは、トイレシートからはみ出ないようにおしりを下げて。おしっこはシートに吸収されて黄色い地図を描き、うんちは乾いた固体として残る。が、コウハイはどうにもその固体が気にニャる。

「ねえたん、そのまんまにしちゃダメじゃ〜ん」とコウハイが訴えるものの、センパイは出してしまえば、その瞬間に出したことすら忘れるので何を言われているかわからず知らん顔。

そこで、コウハイはセンパイのうんちに一生懸命砂かけをする。もちろんエアで。

よいしょよいしょと脚で宙を掻くようなその姿はいじらしい。コウハイは、意外と律儀で人のいい（猫のいい？）おせっかい。

砂（空気）をかけてもかけても、センパイのうんちは隠れない。最近では、トイレシートの角をたたんで隠す術をあみ出した。うんちにシートの余った部分を上手にかけて「ふぅ、これでひと安心。コウハイもつらいよ」。

ふつうを大事に

朝は5時前にセンパイが起こしにくるけど、私は起きない。顔を舐められたりの激しいアプローチに耐えられなくなったオットがむっくり立ち上がり、センパイとコウハイに朝ごはん。そしてまた、ベッドに戻り夢の続き。目覚まし時計が鳴って今度はちゃんと起きる。1日の始まりに、オットはセンパイと散歩。コウハイはセンパイがいないと私に甘えてくるので、ちょっと相手をして遊びながら、私は自分たちの朝食を準備する。

オットとセンパイが散歩から戻ると、「今日はカナちゃん（ご近所の柴犬）に会ったよ」なんて報告を受けながらごはんを食べる。センパイとコウハイは、最後にほんのほんの少しだけもらえるパンの耳が待ち遠しくて足元に待機。朝ごはんはあっという間に食べ終わり、バタバタと出かける準備をして夫は自転車で出勤……。

こんないつもの朝が、ときには物足りなく感じたりもして、いつも食べてるパンが急においしいと思えなくなったり、コーヒーの淹れ方がおざなりになったり。そして、こんな日々から脱出したくて「旅に出たいなぁ」とつぶやいてみたり。そんな虚ろな私をセンパイとコウハイが心配そうに見上げる。その顔を見て「あぁ、動物がいると、気ままに出かけることもできない」。そう思って「はぁ」とため息。

しかし。２０１１年3月11日、いつもの毎日は永遠でないということを私たちは目の当たりにした。「いってきまーす」と言って出かけた家族が、もう帰ってこないということがある。「面倒だなぁ」と思いながらの犬の散歩、いつもの道を歩けなくなることもある。あたり前すぎて「つまらない」と思うこともあった毎日は、奇跡と奇跡で織り上げられた貴重な一瞬、そのつながりだった。震災がなくたって親もいつかは死ぬ、私もこのままの私でいてはいけない。今さらそう気づき、自分の想像力のなさに驚く。「いつものなんでもない日」というしあわせに麻痺した、うすのろまぬけ。

そして思う。私が長く生きてふと振り返ったとき、思い出すのは旅のことや記念日のことなんかじゃなく、ふつうに家族でごはんを食べてるところや、ソファで犬と猫と昼寝したりしてるところかな……。

何事もないふつうの一日が愛おしい。だから、大事に暮らす。人に伝えたいことはちゃんと伝える。犬や猫にも「いてくれてありがとう。大好き。ずっと一緒にいようね」と言う。足りないものを数えて嘆くより、あるものに感謝して笑う。

日々は流れる、だからみんなも変わる。安住も永遠ではないし、大変なこともいつかきっと好転する。人の力ではどうにもならないこともあるけれど、自分たちで変えられるささいなこともたくさんある。

いつもの朝、いつものごはんにいつもの散歩。いつもと同じようにいられるのがしあわせだ。ふつうを大事に。

おわりに

この本は、2011年の秋に出版された『豆柴センパイと捨て猫コウハイ』と、2014年の春に出版された『犬猫姉弟《きょうだい》センパイとコウハイ』に加筆修正し、書き下ろしを加えた1冊です。

2011年は、年明けに母が他界し、春には東日本大震災がありました。センパイは6歳で、コウハイは1歳でした。

編集を担当してくれた幻冬舎の菊地さんと書店にごあいさつまわりをしたときに、紀伊國屋書店新宿本店の方が「ロングテールで売れていますよ！」と言ってくださり、「そんな言い方があるんだ！　この本にぴったりだ‼」と感激したのはいい思い出。

その後も2匹のことを綴った本はたくさんのみなさんに読んでいただきました。

また、本を見て「カレンダーを作りませんか？」とアート印刷の会社からお声がかかり、センパイとコウハイははじめてカレンダーとなり、その会社とのつながりがな

くなった今も　秋になるとセンパイコウハイカレンダーを制作することが暮らしの一部になっています。

気がつけば2011年から11年が過ぎていました。センパイは16歳でコウハイは11歳です。文庫化にあたり、2匹と歩んだ日々を反芻《はんすう》しました。がっかりしたことや大変だったこと、腹をたてたことがたくさんあって、当時とても絶望したことが今では愛おしい鮮やかな軌跡となっていました。センパイとコウハイとオットと私、変わらずいられることは有り難いこと。犬と猫と人、我が家の場合、犬と猫ののびしろが大きく、その点、人は負けています。

センパイはすっかりおばあちゃんになって、食べることも飲むことも、歩くことも排泄も自分ひとりではできなくなりました。世話をするのは十分な体力と気力が必要、めげることもあります。そんなときに文庫化が決まり、原稿を読み返すことで、不足気味だったエネルギーをチャージすることができました。過去は、今を生きる杖となってくれました。

動物と会話ができる友人によると、センパイは「この先、生きられるだけ生きて、そのあとはみんなを見守る」と言っているそうです。そして「できれば、生きているのと死ぬのの境目がないのがいい」とも。着陸態勢に入ってはいますが、滑走路は長く、着地点はまだまだ先。今では我が家の支柱となっているコウハイともどもセンパイを助け、濃厚な1日1日を味わっています。

センパイのしっぽのように太く、コウハイのひげのように長い。2匹の物語はこれからも続きます。

文庫化にあたり楽しいイラストを描いてくださった谷山彩子さん、すてきな一冊に仕上げてくださったデザイナーの望月昭秀さん、書籍刊行の時から見守り併走してくださっている幻冬舎の菊地朱雅子さん、ありがとうございました。

そして、読んでくださったみなさん、ありがとうございました。

２０２２年２月２２日　石黒由紀子

本書は『豆柴センパイと捨て猫コウハイ』（二〇一一年十一月小社刊）と『犬猫姉弟センパイとコウハイ』（二〇一四年四月小社刊）を合本し、加筆・再構成したものです。

編集協力　石黒謙吾

犬《いぬ》のしっぽ、猫《ねこ》のひげ

豆柴《まめしば》センパイと捨《す》て猫《ねこ》コウハイ

石黒《いしぐろ》由《ゆ》紀《き》子《こ》

令和4年4月10日　初版発行

発行人――石原正康
編集人――高部真人
発行所――株式会社幻冬舎
〒151-0051東京都渋谷区千駄ヶ谷4-9-7
電話　03(5411)6222(営業)
03(5411)6211(編集)
振替00120-8-767643
印刷・製本―株式会社　光邦
装丁者――高橋雅之

幻冬舎文庫

ISBN978-4-344-43176-8　C0195　い-66-2

幻冬舎ホームページアドレス　https://www.gentosha.co.jp/
この本に関するご意見・ご感想をメールでお寄せいただく場合は、
comment@gentosha.co.jpまで。